普通高等教育土建类专业信息化系列教材

建筑与土木工程
AutoCAD

主 编 李 丰

副主编 石彬彬 冯 梦

西安电子科技大学出版社

内 容 简 介

本书结合高等院校教学特点和建筑工程应用实际，从实例出发，系统介绍了 AutoCAD 软件的基本功能及其在建筑和土木工程领域中的应用和技巧。全书共分两篇 11 章，第一篇为建筑与土木工程 AutoCAD 软件基础知识，由五个章节组成，主要包括初识 AutoCAD、AutoCAD 绘制初始设置、常用绘图命令、常用修改命令、视图与标注管理；第二篇为绘制建筑与土木工程施工图，由六个章节组成，主要包括施工图设计说明与总平面图、建筑平面图、建筑立面图、建筑剖面图、建筑详图、BIM 和 AutoCAD 拓展软件。每章前都有知识框架及要求，章末有本章小结和练习题。为了方便读者系统地学习建筑工程绘图知识，书中同一建筑物的平面图、立面图和剖面图的投影尺寸相互对应。

本书可作为高等院校土木工程、工程管理、建筑环境、工程造价、建筑艺术、道桥工程等相关专业的教材，也可作为建筑行业工程技术人员培训与自学用书。

图书在版编目(CIP)数据

建筑与土木工程 AutoCAD / 李丰主编. —西安：西安电子科技大学出版社，2021.12
ISBN 978–7–5606–6211–4

Ⅰ.①建…　Ⅱ.①李…　Ⅲ.①建筑制图—AutoCAD 软件—高等学校—教材　② 土木工程—建筑制图—AutoCAD 软件—高等学校—教材　Ⅳ.① TU204-39

中国版本图书馆 CIP 数据核字(2021)第 211557 号

策划编辑　李鹏飞
责任编辑　李鹏飞
出版发行　西安电子科技大学出版社(西安市太白南路 2 号)
电　　话　(029)88202421　88201467　　　　邮　　编　710071
网　　址　www.xduph.com　　　　　　　　电子邮箱　xdupfxb001@163.com
经　　销　新华书店
印刷单位　咸阳华盛印务有限责任公司
版　　次　2021 年 12 月第 1 版　2021 年 12 月第 1 次印刷
开　　本　787 毫米×1092 毫米　1/16　印张 15
字　　数　348 千字
印　　数　1～3000 册
定　　价　41.00 元

ISBN 978–7–5606–6211–4 / TU

XDUP 6513001–1

如有印装问题可调换

前　言

AutoCAD 是美国 Autodesk 公司于二十世纪八十年代初推出的计算机绘图与辅助设计软件，经过不断完善与改进，现已经成为国际上广为流行的绘图工具。该软件集二维绘图、三维设计、渲染及关联数据库管理、互联网通信和关联软件拓展等功能于一身，其特点是功能强大、适用面广、系统开放、操作交互方便、易于学习。AutoCAD 的出现把土木、机械和建筑等领域的设计人员从低效率、重复和繁琐的手工设计绘图中解放了出来。

在计算机科学与网络应用急速发展的今天，AutoCAD 在建筑与土木工程领域的各个专业方向发挥着极其重要的作用。例如：在建筑与规划设计方面，用于绘制建筑施工图、建筑方案图、规划效果图等；在结构设计方面，根据结构计算的结果，完成构件和截面选配筋的构造设计，用于绘制结构施工图、构件详图；在给排水设计方面，用于给水、排水的计算与绘图；在暖通设计方面，用于取暖与通风的图纸设计；在电气设计方面，用于强弱电的辅助图纸设计；在施工组织与设计方面，用于施工项目的项目管理、进度计划、施工工艺的流程设计与优化、施工现场布置等。

本书按照国家现行的建筑工程制图标准和土木工程设计特点编写，主要介绍如何利用 AutoCAD 绘制二维建筑图形。本书具有以下特点：

(1) 由易到难便于掌握。第一篇为建筑与土木工程 AutoCAD 软件基础知识，由五个章节组成，主要叙述 AutoCAD 软件的初始设置、常用绘图命令、常用修改命令、视图与标注管理；第二篇为绘制建筑与土木工程施工图，由六个章节组成，主要叙述如何利用 AutoCAD 软件的各个命令绘制建筑施工总平面图、建筑平面图、建筑立面图、建筑剖面图、结构平面布置图、建筑详图和结构详图，而后对 AutoCAD 的拓展软件 Revit 和天正建筑 CAD 等进行介绍。

(2) 实用性和针对性强。提供的图形由简单到复杂，一步步引导读者逐步学习和深入掌握使用 AutoCAD 软件绘制建筑与土木工程图的方法和技巧。同时，每章的课后题前后联系，不仅可提高建筑与土木工程的绘图能力，而且可加强识图能力的训练。为了便于读者对本书内容有整体把握并进行有针对性的训练，每章由知识框架及要求、正文、本章小结和练习题组成。

本书由河南工程学院李丰担任主编，河南工程学院石彬彬、贵州工业职业技术学院冯梦担任副主编。在编写和出版过程中得到了编者所在学院和同事的帮助，特别感谢马来西亚砂拉越大学(UNIMAS)的 Ng Chee Khoon 教授给予的帮助与指导，特此致谢！

　　本书在编写过程中，参阅了大量专业文献与国家规范，在此对各参考文献的作者表示衷心的感谢！同时，由于编者水平有限，书中不妥之处在所难免，恳请读者提出宝贵意见。

编　者

2021 年 5 月

PREFACE

AutoCAD software is a general computer drawing software and aided design software developed by Autodesk in the early 1980s. After continuous improvement, it has become the most popular drawing tool in the world. The software integrates two-dimensional drawing, three-dimensional design, rendering and related database management, Internet communication and related software development into itself. Its prime advantages are powerful function, wide application, open system, convenient operation and easy learning. The emergence of AutoCAD software liberates the engineering design talents in civil engineering, mechanical engineering, architecture and other fields from the low efficiency, repetitive labor and tedious of manual design and drawing, and it is widely used in the scope of engineering design all over the world.

Similarly, with the rapid development of computer science and network application, AutoCAD software plays an important role in various professional directions in the field of architecture and civil engineering, and even has become a basic technology that must be possessed by professionals in the field of architecture and civil engineering. For example, in the aspect of architecture and planning design, it is used to draw architectural and planning drawings such as construction drawings, architectural scheme drawings, and planning renderings; In the aspect of structural design, according to the results of structural calculation, the structural design of component and section reinforcement selection is completed, which is used to draw structural construction drawings and component details; In the aspect of water supply and drainage design, it is used for calculation and drawing of water supply and drainage; In the aspect of HVAC design, it is used for drawing design of heating and ventilation; In electrical design, it is used for auxiliary drawing design of strong and weak current; In terms of construction organization and design, it is used for project management, schedule planning, process design and optimization of construction technology, construction site layout, etc.

This book is compiled in accordance with the current national standards for architectural engineering drawing and the characteristics of architectural and civil engineering design. It mainly introduces how to draw two-dimensional architectural drawings with AutoCAD, and has the following characteristics:

1. Easy to enter, Easy to master. The book's first part is the basic knowledge of AutoCAD software for architecture and civil engineering, which consists of five chapters. It mainly describes the initial setting of AutoCAD software, common drawing commands, common modification commands, view and annotation management commands. The second part is how to draw the construction drawing of architecture and civil engineering, which is composed of six chapters. It mainly describes how to draw the general construction plan, building plan, building elevation, building section, building detail and structural detail by using various commands of AutoCAD software, and introduces the expansion software of AutoCAD in the field of architecture and civil engineering, such as Revit and Tianzheng CAD.

2. Strong practicability and pertinence. This textbook provides graphics from simple to complex, and guides the readers to learn and master the methods and skills of drawing architectural and civil engineering drawings with AutoCAD software step by step. At the same time, the links between the after-school questions of each chapter can not only improve the drawing ability of architecture and civil engineering, but also strengthen the training of drawing ability. In order to facilitate the readers to have an overall grasp of each chapter and targeted training, each chapter of this textbook is composed of knowledge framework and requirements, text, summary of this chapter and exercises. The learning purpose of each chapter is clear, and the training of exercises is targeted.

This textbook is edited by Li Feng of Henan University of Engineering, Shi Binbin of Henan University of Engineering and Feng Meng of Guizhou Institute of Technology. Special thanks to Professor Dr. Ng Chee Khoon of Universiti Malaysia Sarawak(UNIMAS) for his help and guidance in the process of writing and publishing.

In the process of compiling this book, we refered to a large number of professional related literatures and national norms. we would like to express our heartfelt thanks to the authors of various references. At the same time, due to the limited level of the editor, defects in the book are inevitable. We sincerely seek for valuable suggestions from readers who find this book useful.

Li Feng

May 2021

目　　录

第一篇　建筑与土木工程 AutoCAD 软件基础知识

第二篇 绘制建筑与土木工程施工图

第一篇

建筑与土木工程 AutoCAD 软件基础知识

第 1 章　初识 AutoCAD

【知识框架及要求】

知识要点	细节要求	水平要求
AutoCAD 的功能	① 强大的绘图功能 ② 灵活的编辑功能 ③ 良好的图形输出功能	熟悉 熟悉 了解
AutoCAD 的安装、启动和退出、文件的保存	① 软件安装 ② 启动和退出、文件的保存	熟悉 熟练
AutoCAD 的工作界面	① 三种工作空间界面 ② 标题栏、菜单栏、工具栏、绘图窗口、命令窗口、状态栏以及工具选项板	了解 熟练
AutoCAD 的命令输入	① 命令输入方式 ② 文本窗口	熟练 熟悉
AutoCAD 的图形文件管理	新建、打开、存储文件	熟悉
AutoCAD 的学习特点与方法	① 4 个学习方法 ② 15 个常见入门操作问题	熟悉 熟悉

1.1　AutoCAD 的功能

　　作为目前全球最大的建筑市场，我国设计院中建筑和结构设计的计算机出图率已达到了 100%。AutoCAD 作为当今辅助设计的主要软件之一，被广泛应用于环境、建筑、机械、电子、航空和纺织等行业，是大学工科相关专业教学的重要内容。AutoCAD 的功能主要体现在以下几个方面：

CAD 概述

1. 强大的绘图功能

　　AutoCAD 提供了一系列图形绘制命令，如【点】、【直线】、【射线】、【构造线】、【多线】、

【圆】、【圆弧】、【样条曲线】、【椭圆】、【正多边形】、【多段线】等，用户可以方便地运用多种方式绘制二维基本图形对象，并可方便地注写文字和标注尺寸(如线性、对齐、坐标、半径、角度、引线等)、对指定的封闭区域填充图形(如涂黑，填充剖面线、金属材料、砖、砂石、混凝土、玻璃、绿化、渐变色等)，在 AutoCAD 中可以方便地按照对象的实际尺寸用 1∶1 或 1∶100 等各种比例进行绘图，极大地提高了绘图效率。

2．灵活的图形编辑功能

AutoCAD 提供了灵活多样的图形编辑和修改功能,用户利用【复制】、【删除】、【镜像】、【偏移】、【阵列】、【移动】、【旋转】、【缩放】、【拉伸】、【修剪】、【延伸】、【倒角】、【倒圆角】、【分解】等命令，可以灵活方便地对选定的图形对象进行编辑和修改。

3．良好的图形输出功能

AutoCAD 提供以任意比例方式将所绘图形的全部或部分通过绘图仪或打印机输出到图纸,也可以输出到文件进行电子打印。此外,AutoCAD 提供与其他绘图软件的输出转接功能,例如可以输出到三维软件 SketchUp 或 3D MAX 中，直接生成二维图形,有利于 SketchUp 等其他软件快速便捷地绘制三维图形。

4．多样的网络支持功能

当前是互联网无线传输、沟通、共享的云时代，利用 AutoCAD 绘制的图形,可以在 Internet 上进行图形的发布、访问和存取,利用互联网可以让用户在任意时间、地点保持沟通，从而迅速有效地共享设计信息。

5．高级扩展功能

AutoCAD 提供了多种编程接口,支持用户使用内嵌编程语言(AutoLISP)或外部编程语言(Visual Lisp、VB、VC 等)进行二次开发，以扩充其功能。例如天正建筑 CAD、工程测绘 CASS 和结构计算 PKPM 软件等都是基于 AutoCAD 二次开发的。

1.2 AutoCAD 的打开与文件操作

1.2.1 AutoCAD 的安装

1．AutoCAD 的安装硬件环境

AutoCAD 系统进行图形处理时，要进行大量的数值运算，因此对计算机的软硬件环境要求较高，运行 AutoCAD 2018(非网络用户)所需的最低软、硬件配置如下：

CAD 安装

(1) 处理器：AMD A4-6300 3.70 GHz，建议使用 Pentium Ⅳ800 MHz 以上 CPU。

(2) RAM：建议采用 4 GB 以上内存。

(3) 硬盘：1 TB。

(4) 显示器：具有真彩色的 1024 × 768 VGA 或更高分辨率的显示器。

(5) 光驱：4 倍速以上的光盘驱动器(仅用于软件安装)。

(6) 鼠标或其他定位设备。

(7) 其他可选设备，如打印机、绘图仪、数字化仪、调制解调器或其他访问 Internet 的连接设备、网络接口卡等。

为了保证 AutoCAD 的流畅运行，建议采用更高的配置，以提高工作效率。

2. AutoCAD 2018 的安装软件环境

(1) 操作系统平台：Windows 7、Windows 8 及以上版本。

(2) 浏览器：Microsoft Internet Explorer 7.0 及以上版本。

3. AutoCAD 2018 的安装步骤

AutoCAD 2018 安装光盘上带有自动运行程序，将安装光盘放入光驱，系统会自动运行安装程序。AutoCAD 2018 的安装界面与其他 Windows 应用软件类似，安装程序具有智能化的安装向导，用户只需按照提示操作即可完成安装，如图 1-1 所示。安装结束后重启计算机，会在计算机桌面上生成 AutoCAD 2018 的快捷图标。

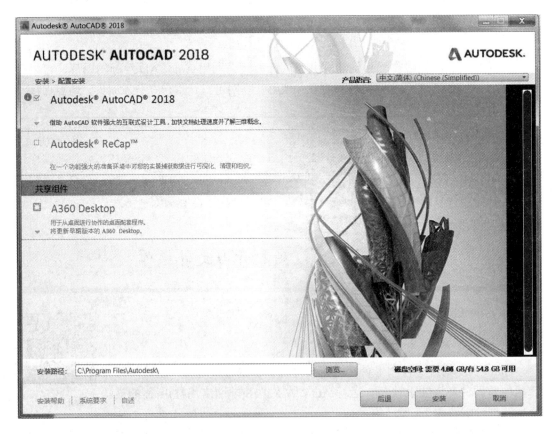

图 1-1　AutoCAD 2018 的安装界面

第一次启动 AutoCAD 2018 时(双击桌面上的快捷图标或从"开始→程序"中调用)，软件会要求用户进行"AutoCAD 2018 产品激活"，选中"激活产品"单选按钮，然后单击【下一步】按钮，在弹出的"Autodesk 许可-激活选项"对话框中输入产品的序列号以及从 Autodesk 公司购买的激活码，即可完成软件注册，如图 1-2 所示。

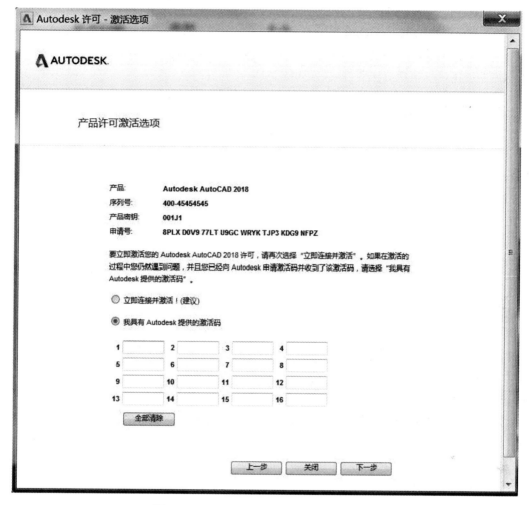

图 1-2 "Autodesk 许可-激活选项"对话框

如果没有特殊说明，本书下述内容中使用的 AutoCAD 软件均为 AutoCAD 2018 版本。

1.2.2 AutoCAD 的启动和退出

AutoCAD 的启动和退出与其他 Windows 应用软件相同，现作简要介绍。

1. AutoCAD 的启动

启动 AutoCAD 的常用方法有以下三种：

(1) 双击 Windows 桌面上 AutoCAD 2018 的快捷图标。

(2) 单击 Windows 桌面左下角"开始"菜单中的"程序"选项，并依次点击下级选项"Autodesk"→"AutoCAD 2018-Simplified Chinese"→"AutoCAD 2018"。

(3) 双击已存盘的任意一个 AutoCAD 图形文件（"＊.dwg"文件）。

2. AutoCAD 的退出

退出 AutoCAD 的常用方法有以下三种：

(1) 单击标题栏上的关闭按钮 ▉ 。

(2) 菜单栏：【文件】→【退出】。

(3) 命令行：Exit↵ 或 Quit↵。

如果图形文件没有存盘，退出 AutoCAD 时，系统会弹出"退出警告"对话框，根据个人需要操作该对话框后，即可退出 AutoCAD。

1.2.3　AutoCAD 文件的保存

AutoCAD 文件的保存与其他 Office 办公应用软件类似，现作简要介绍。

AutoCAD 文件的保存方法有以下几种：

(1) 单击标题栏上的保存按钮 。

(2) 菜单栏：【文件】→【保存】。

(3) 按键"Ctrl + S"。

AutoCAD 文件保存时需注意的几点要素：

(1) 设置保存文件类型。保存时可以设置文件的 AutoCAD 版本，一种方法是单击标题栏上的保存按钮 ，在弹出的对话框中输入文件名之后，选择需要的 AutoCAD 版本，如图 1-3 所示。第二种办法是在绘图区域任意位置单击右键，从快捷菜单中选择【选项】→【打开和保存】→【另存为】，选择需要的 AutoCAD 版本。需要注意的是，高版本的 AutoCAD 软件能够打开低版本的 AutoCAD 文件，低版本的 AutoCAD 软件不能打开高版本的 AutoCAD 文件，例如 AutoCAD 2018 能够打开 2018 以前版本的文件，但不能打开 2018 以后版本的 AutoCAD 文件。

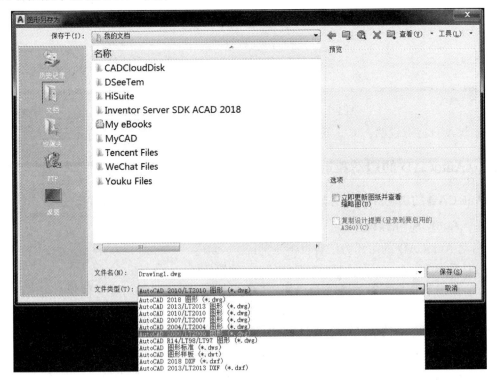

图 1-3　设置保存文件类型

(2) 设置自动保存。为了防止断电、计算机死机等突发因素使文档丢失，可以设置文件自动保存。操作方法为：在绘图区域任意位置右键→【选项】→【打开和保存】→【自动保存】，并根据需要设定保存间隔时间，如图 1-4 所示。

图 1-4　文件自动保存

(3) 文件的关闭。保存文件并关闭 AutoCAD 软件，则该"*.dwg"文件在 Windows 系统里的缩略图即为保存文件时刻 AutoCAD 图形的状态。

(4) 保存文件的时间选择。初学者常常绘图数十分钟、甚至数小时之后，还没有对文件进行保存。此种情况下，该文件的名称默认为 Drawing1.dwg，如果此时出现计算机死机等非正常关机情况，该文件将丢失。文件初次保存的合理时间应该选择在新建文件、图层设置完毕之后。

1.3　AutoCAD 的工作界面

AutoCAD 作为一种人机交互应用软件，有其特定的用户工作界面和操作方法，本节讲述 AutoCAD 的用户主界面与操作方法。

1. AutoCAD 的工作空间界面

针对二维、三维等不同的绘图目标，AutoCAD 提供了三种工作空间界面：AutoCAD 经典界面(见图 1-5)、草图与注释界面(见图 1-6)；三维建模界面(见图 1-7)。三种工作空间的主要区别在于所打开的工具栏和工具选项板有所不同。最常用的工作空间界面是

AutoCAD 经典界面，该用户界面主要由标题栏、菜单栏、工具栏、绘图窗口、命令窗口、状态栏以及工具选项板等组成。

图 1-5　AutoCAD 经典界面

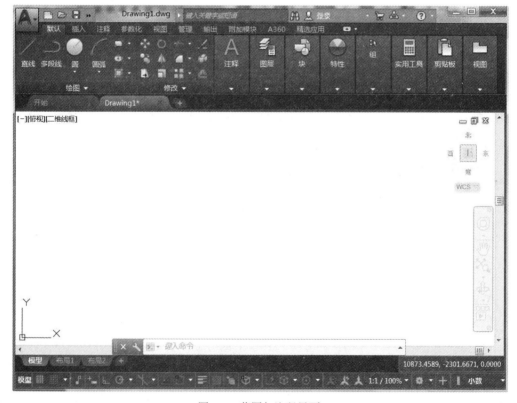

图 1-6　草图与注释界面

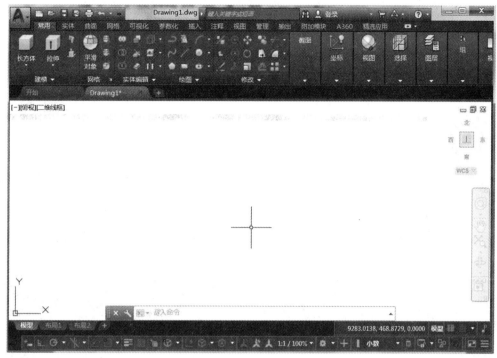

图 1-7　三维建模界面

2. 标题栏

AutoCAD 的标题栏位于用户界面的顶部，通常用蓝色显示。左边显示该程序的图标及当前操作图形文件的名称，系统启动时默认的名称为"Drawing1.dwg"。与其他 Windows 应用程序一样，单击图标按钮，将弹出系统菜单，可以进行相应的操作。右边分别为窗口【最小化】按钮 ▭ 、窗口【最大化】按钮 ▢ 、窗口【关闭】按钮 ✖ ，通过这些按钮可以实现对程序窗口状态的调整。

3. 菜单栏

AutoCAD 经典界面中，菜单栏位于标题栏下方，以下拉菜单形式操作，AutoCAD 软件的主要命令集中于此。单击菜单栏中的任意一个菜单，即弹出相应的下拉菜单。

AutoCAD 的菜单栏中共有 11 个菜单命令，现分别介绍如下：

　　【文件】：包括与图形文件的【打开】、【保存】、【关闭】、【打印】等相关的操作命令。

　　【编辑】：包括【复制】、【粘贴】、【清除】和【查找】等命令。

　　【视图】：AutoCAD 中与显示有关的命令如缩放调整、上下左右移动等都可以在视图菜单里激活。

　　【插入】：可以插入块、外部参照、光栅图和其他文件格式的图形以及插入超级链接等。

　　【格式】：包括单位、图层、图形界限、线性、点样式、文字样式、标注样式等的格式设置。

　　【工具】：包括选项板、"选项对话框"的调用，软件中特定功能如查询、设计中心、程序加载和用户坐标系的设定。

【绘图】：包含各种绘图命令。

【标注】：包含各种尺寸标注命令。

【修改】：内有常用的编辑修改命令，如【删除】、【复制】、【镜像】等。

【窗口】：在 AutoCAD 的一个进程中可以同时开启多个图形文件，该菜单用以控制这些图形文件的显示。

【帮助】：激活软件的联机帮助系统，进行新功能的学习，还可以很方便地激活一些相关网站进行学习和问题解答。

在下拉菜单中，有时某些菜单项是暗灰色的，表示在当前特定条件下，这些功能不能使用。由于下拉菜单的系统性较强，使用起来略显繁琐，效率不如使用"工具栏"中的相应工具方便。

以【绘图】菜单为例，下拉菜单中的命令操作说明如下：

普通命令：如图 1-8 中的【直线】、【矩形】等，命令无任何标记，选择该命令使其高亮显示，即可执行相应的功能。

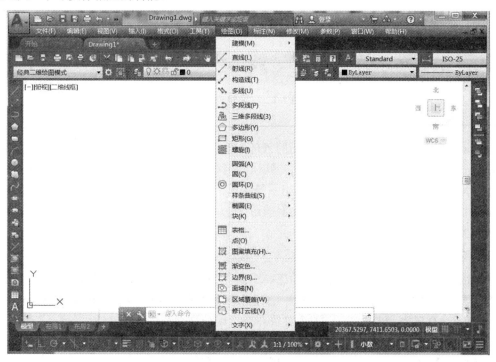

图 1-8　下拉菜单

级联菜单：如图 1-8 中的【圆弧】、【圆】等，命令右端有一个黑色小三角，表示该子菜单中还包含多个命令。单击该菜单，将弹出下一级菜单，称为级联菜单，可进一步在级联菜单中选取命令。

对话框命令：如图 1-8 中的【图案填充】等，命令后带有"…"表示选择该命令将弹出一个对话框，用户可以通过对话框实施相应的操作。

4. 工具栏

工具栏又称工具行，它是一组图标型工具的集合，工具栏中的工具为用户提供了另一种调用命令的快捷方式，建议优先采用此方式调用命令。

AutoCAD 中共包含 37 个工具栏，在 AutoCAD 经典界面图 1-5 中，默认显示 "标准"工具栏、"特性" 工具栏、"样式" 工具栏、"图层" 工具栏、"绘图" 工具栏、"修改" 工具栏、"工作空间" 工具栏和 "绘图次序" 工具栏等，如图 1-5 中标明了 "图层" 工具栏。单击工具栏中的某一图标，即可执行相应的命令。把鼠标指针移动到某个图标上稍停片刻，会在该图标的一侧显示相应的工具提示。

AutoCAD 的大部分工具栏在默认设置中是关闭的，可根据需要方便地调出或关闭所需的工作栏。用户可对工具栏进行以下几种操作：

(1) 将工具栏固定：AutoCAD 允许用户设置固定工具栏(即将工具栏固定在绘图区的顶部、底部或两边)，绘图窗口的四周边界是固定工具栏的位置，在此位置上的工具栏不显示名称。

(2) 浮动工具栏：即将工具栏放置在绘图区内而且能自由移动。操作方法是：将鼠标指向固定工具栏一端的两条横线处，按住鼠标左键将其拖曳到绘图区松开即可，浮动工具栏上部左侧显示工具栏名称。要将工具栏放置在绘图区以外而不成为固定工具栏，可在拖曳的同时按住 Ctrl 键，此时显示出该工具栏的名称，拖曳工具栏的左、右、下边框即可改变工具栏的状态。

(3) 打开、关闭工具栏：最便捷的方法是将光标放在屏幕上已有任意工具上单击右键，即弹出右键快捷菜单，该右键快捷菜单列出了所有工具栏的名称。工具栏名称前有 "√"符号的，表示已经打开，单击该工具栏名称即可以打开或关闭相应的工具栏。单击浮动工具栏右上角的【关闭】按钮 "　🅧　" 即可关闭浮动工具栏。

虽然工具栏调用命令方便快捷，但是 AutoCAD 不可能将所有的命令都做成图形化的工具，而只能把最常用的命令放置在工具栏上。因此，一些不经常用的命令只能通过菜单或者从命令行输入命令来调用。AutoCAD 绘制建筑工程图时，工具栏上的图标命令基本能够满足要求。

5. 绘图窗口

屏幕中央的空白区就是绘图窗口，绘图窗口是 AutoCAD 绘制、编辑图形的长方形区域，它相当于一张无穷大的虚拟图纸，其大小可根据需要并利用图形显示功能随时调整。

6. 选项卡控制栏

选项控制卡(又称模型/布局选项卡)位于绘图窗口的左下角，有 "模型" "布局 1" 和 "布局 2" 标签，用以控制绘图工作是在模型空间还是在图纸空间进行。单击其中的 "模型" /"布局" 标签，即可在模型空间和图纸空间之间切换。AutoCAD 的默认状态是模型空间，如果将光标指向任一个标签并单击右键，将弹出右键快捷菜单，可用该快捷菜单新建、删除、重命名、移动或复制布局，也可以进行页面设置等操作。

7. 命令窗口

在绘图区的下面是命令窗口，它是用户和 AutoCAD 系统进行交互对话的窗口，默认为 3 行，它由位于底部的命令行和位于上部的历史命令行组成。在命令行中可直接输入要操作的命令(命令必须用英文输入)，在历史命令行中可显示启动后用过的全部命令及信息提示。

通过命令行输入命令与通过菜单栏和工具栏输入命令具有同样的效果。无论采用何种方式输入命令，都要特别注意观察命令行窗口，因为它是 AutoCAD 中唯一可以进行人机交互的地方，用户可以输入命令，命令被执行后，命令行中会显示相应的提示信息，用户可以根据提示信息进行选项的确定或参数的输入，从而完成图形的绘制和编辑。另外，系统变量的修改也要通过命令行。所以，绘图时应时刻注意命令行窗口的提示信息。

历史命令的行数可由用户设定，方法是将光标移至该窗口的上边框处，当鼠标指针变为上、下箭头，上下拖曳即可，也可利用菜单【工具】→【选项】，在弹出的"选项"对话框中选择"显示"选项卡，更改其数目，一般按默认的 3 行显示。

用户可以通过执行菜单栏【工具】→【命令行】，在弹出的对话框中隐藏(或重新显示)命令窗口，也可以用 Ctrl＋9 组合键快速实现隐藏(或重新显示)命令窗口的操作。

8. 状态行

状态行又称状态栏，位于屏幕的底部，默认有两个区域：左端是坐标显示区，实时显示绘图窗口中光标位置的 X、Y、Z 轴坐标；右侧依次是【捕捉】、【栅格】、【正交】、【极轴】、【对象捕捉】、【对象追踪】、【DUCS(动态坐标系)】、【DYN(动态输入)】、【线宽】和【模型】等 10 个辅助绘图工具按钮。单击任意一个按钮即可打开和关闭相应的辅助绘图工具。

9. 工具选项板

工具选项板是一个选项卡形式的区域，它提供了一种组织、共享和放置块与填充图案的有效方法。在绘图和编辑建筑工程图形时一般不打开工具选项板。

1.4　AutoCAD 的命令输入

在 AutoCAD 中，各种操作过程是通过命令来实现的，AutoCAD 的命令可分为一般命令和透明命令两种。

一般情况下，AutoCAD 每次只能执行一条命令。在一条命令执行过程中，如果输入另一条命令，正在执行的命令会被系统中止而去执行后输入的命令，那么后输入的这条命令就称为一般命令。例如，在执行【Circle】命令画圆的过程中，输入了画直线命令【Line】，此时画圆命令【Circle】就会被系统中止，【Line】命令开始执行，后输入的这条【Line】命令就是一般命令。AutoCAD 的命令中绝大多数命令是一般命令，如【圆】、【删除】、【移动】等。

在 AutoCAD 中，有时可以在不中断某一命令执行的状态下插入并执行另一条命令，这种在其他命令执行过程中能够执行的命令就称为透明命令。例如，在执行【Line】命令绘制一条折线的过程中，可以使用【Zoom】命令来缩放绘图窗口中的对象进行观察，观察完毕退出【Zoom】后，可以继续执行未完成的【Line】命令进行画线，此时，缩放命令【Zoom】就是透明命令，此外其他辅助绘图工具命令(如【Snap】等)也是透明命令。

AutoCAD 中，除一般命令和透明命令外还存在系统变量，系统变量是设置与记录 AutoCAD 运行环境、运行状态和参数的变量，如 TextSize(控制文字高度变量)、MirrText(控制文字对象镜像复制后是否可读的变量)等。

　　AutoCAD 的命令名和系统变量名均为西文，输入时应该采用"英文输入法"。在 AutoCAD"帮助"系统的"命令参考"中，提供了所有的 AutoCAD 命令和系统变量参考。

1.4.1　输入命令的时机

　　当用户界面的命令行显示出"命令："提示时，AutoCAD 处于接受命令输入的状态，这时可输入命令进行绘图、编辑等操作。

1.4.2　命令输入方式

　　AutoCAD 有多种方法可以调用命令，现作简要介绍。

1．一般命令

　　(1) 从工具栏中选取：在相应的工具栏上单击代表相应命令的图标按钮。

　　(2) 从下拉菜单中选取：用鼠标(或快捷键、热键等方式)从相应的下拉菜单中选取要输入的命令。

　　(3) 从命令行输入：用键盘在命令行中输入相应命令的英文全称或命令的缩写形式，不区分大、小写并按回车键或空格键(在 AutoCAD 中空格键与回车键键功能相同)。

　　在上述三种调用命令的方法中，第一种方法最为快捷，它既不用键盘输入，也不需菜单的多级查找；第二种方法最为省心，因为这种方法既不需要记忆命令的拼写方法或缩写形式，也不需要记住命令图标的形状和所在位置，只需按菜单顺序找取即可，但是，因为只有常用的命令才有其菜单项、命令缩写字母和工具栏图标，所以对于不常用的命令来说，第三种方法是不可或缺的，但因其需记忆和键入命令而略显麻烦。

　　顺便指出，命令的执行方式有通过对话框和通过命令行两种，如【图层】(Layer)命令，在命令行键入"Layer↵"，AutoCAD 则会自动打开"图层特征管理器"对话框，以对话框方式来执行该命令，如果要通过命令行方式执行，可以在命令前加一减号，如在命令行键入"_Layer↵"。

　　另外，有些命令同时存在命令行、菜单和工具栏三种执行方式，这时如果选择菜单或工具栏方式，命令行会显示该命令，并在前面加一下划线。例如通过菜单或工具栏方式执行【直线】命令时，命令行会显示：

　　　　命令：_line 指定第一点：

　　而通过命令行方式执行时，命令行会显示：

　　　　命令：_line

　　　　指定第一点：

2．透明命令

　　(1) 单击工具可输入相应的透明命令。

　　(2) 从命令行中键入：用键盘在命令行中输入相应的英文命令并按回车键或空格键，在用键盘输入时须在命令行前加单引号(')。

　　另外，按下鼠标中间转轮，可输入透明命令【实时平移】，按下鼠标中间转轮并移动鼠标可实时平移绘图窗口中的对象。滚动鼠标中键可输入透明命令"实时缩放"，实时放大和缩小绘图窗口中的对象。

1.4.3　命令操作

输入某条命令后，AutoCAD 会给出相应的提示，用户可按照提示进行操作。

1. 命令失误的纠正方法

(1) 纠正命令行中命令字符输入错误：用 Del(删除)键可删除光标后面的字符，用 Backspace(退格)键可删除光标前面的字符。

(2) 纠正绘图、编辑等操作错误：单击标准工具栏上的【放弃】(Undo)与【重做】(Redo) 按钮，或在命令行输入"U↵"或按 Ctrl + Z 键。

2. 中断命令的执行

当一条命令正常执行完成后将自动退出执行状态。下列方法均可中止正在输入的命令。

(1) 输入另一条非透明命令(从命令行输入或从菜单栏、工具栏调用均可)。

(2) 在绘图窗口中单击右键，弹出快捷菜单，选择"取消"。

(3) 按 Esc 键(有时需要按两次)。

3. 重复用过的命令

(1) 按空格键或回车键。

(2) 当光标在命令窗口内时，单击右键弹出快捷菜单，从"近期使用过的命令"中可选择上一个命令或以前使用过的其他命令。

另外，如果要多次重复执行一个命令，可以在命令行输入"Multiple↵"，然后在命令行出现提示后，输入要多次重复执行的命令，系统将多次重复执行这一命令直至用户按 Esc 键为止。

4. 命令的提示信息与命令提示的响应

当输入并执行命令后，系统会出现对话框或命令提示，命令提示信息格式如下：

　　当前操作提示或 [选项 1(A)/选项 2(B)/...]<当前值>.

例如：单击"绘图"工具栏中的【圆】工具后(相当于输入了【圆】命令)，会出现如下命令提示信息：

　　命令：-circle 指定圆的圆心或 [三点(3P)/两点(2P)/相切、相切、半径(T)]：

若响应缺省选项，并在绘图窗口适当位置单击指定圆的圆心，则在命令行又会出现提示：

　　指定圆的半径或 [直径(D)]<150.000>：

(1) 中括号前的提示为当前操作提示，是默认选项。例如："-circle 指定圆的圆心"。

(2) 中括号内为可选项，当可选择项多于两项时用分隔符"/"隔开，例如："[三点(3P)/ 两点(2P)/相切、相切、半径(T)]"等，可选项中文名称后部的小括号中的大写英文字母表示该命令选项的缩写方式，如"(3P)""(2P)""(T)"等。可通过键入该字母(不区分大、小写)的方式来选择该命令选项。

(3) 尖括号"<>"内为缺省值或当前值，可按回车键确认，或根据绘图需要重新输入。例如："<150.000>"，按回车键，相当于输入数值 150.000。

(4) 命令选项的快捷菜单。在 AutoCAD 所有命令的操作过程中，无论在什么阶段和状态下，只要遇到有关选项的提示行，都可以在绘图区单击右键，在弹出的快捷菜单中将显示与当前提示行选项相关的内容，可从中选择所需的选项。相比于其他方法，这种使用选项快捷菜单的方法更快捷，建议读者优先采用。

1.4.4　AutoCAD 文本窗口

AutoCAD 文本窗口是一个浮动窗口，按 F2 键可以显示或关闭该窗口。用户可以在文本窗口中输入命令，查看命令提示和消息。文本窗口便于查看当前 AutoCAD 任务的命令历史。文本窗口的内容是只读的，不能修改，但是可以将命令窗口中的文字(或其他来源的文字)复制并粘贴到命令行或其他应用程序(如字处理程序)，这样可以重复前面的操作或重新输入前面输入过的值。此外，在文本窗口的底部也有一个命令行，可以输入命令，与在命令行输入命令一样。

1.4.5　系统变量的访问

系统变量控制着 AutoCAD 的某些功能、设计环境和命令的工作方式。系统变量可打开或关闭诸如捕捉、栅格或正交等绘图模式，设置默认的填充图案或存储 AutoCAD 配置的相关信息。使用系统变量可以改变设置也可以显示当前状态。

通常可以在对话框中修改系统变量，当关闭对话框后，即可更改系统变量的值；也可以直接在命令行输入系统变量的英文名，或者使用专用命令"Setvar↵"，或者使用透明命令(在其他命令运行中间输入'setvar)。当出现提示：

命令：'setvar

输入变量名或 [?]<ORTHOMODE>：

输入"?↵"后，出现提示：

输入要列出的变量<*>:

按回车键，AutoCAD 会在命令窗口列出全部系统变量以供用户查看。在使用其他命令的同时，也可以检查或修改系统变量的设置，但是，如果改变系统变量的值，新值只有到该命令结束时才生效。

1.5　AutoCAD 的图形文件管理

启动 AutoCAD 后，是绘制新图形，还是打开已有的图形文件、保存图形文件，以及打开或保存图形的路径是什么，这都要求用户能够根据自己的需要正确、有效地对图形文件进行操作与管理。本节将介绍图形文件的管理，即对图形文件进行新建、打开、浏览、存储等操作。

1.5.1　新建图形文件

【新建】命令用于建立一个新的图形文件，开始一个新的绘图作业。

1. 命令

(1) 标准工具栏：□

(2) 菜单栏：【文件】→【新建】。

(3) 命令行：New↵。

2. 命令说明

执行【新建】命令后，AutoCAD 会打开如图 1-9 所示的"选择样板"对话框，在文件类型下拉列表框中有三种格式的图形样板，分别是后缀为".dwt"、".dwg"、".dws"的图形样板。"*.dwt"文件是标准的样板文件；"*.dwg"文件是普通的样板文件，而"*.dws"文件是包含标准图层、标注样式、线型和文字样式的样板文件。用户可从"名称"列表框中选择基础图形样板文件，也可从【打开】按钮右侧的下拉列表框内选择"无样板打开-(公制)"，然后单击【打开】按钮，则 AutoCAD 以默认的"drawingn.dwg"(n 为 1、2、3、…)为文件名开始一幅新图的绘制。

图 1-9　"选择样板"对话框

1.5.2　打开图形文件

【打开】命令用于打开一个已存在的图形文件，以便查看或继续修改。

1. 命令

(1) "标准"工具栏：□。

(2) 菜单栏：【文件】→【打开】。

(3) 命令行：Open↵。

(4) 双击 AutoCAD 文件。

2. 命令说明

执行【打开】命令后，AutoCAD 会打开如"文件类型"下拉列表框，双击文件列表中的文件名(文件类型为".dwg")，或输入文件名(不需要后缀)，然后单击【打开】按钮，即可打开一个图形。

1.5.3　存储图形文件

在 AutoCAD 操作过程中，应养成保存图形文件的习惯，以免在突然断电、死机或程序出现致命错误等意外发生时造成数据丢失。保存图形文件的方法有手动保存、自动保存和转格式输出等。

1. 手动保存

【保存】用来将图形文件保存到计算机磁盘中，防止数据丢失。

1) 命令

(1) "标准"工具栏：　。

(2) 菜单栏：【文件】→【保存】。

(3) 命令行：Qsave(Save)↵。

(4) 快捷键：Ctrl + S。

2) 命令说明

运行【Qsave】(快速保存)命令后，系统会将当前图形直接以原文件名存盘而不给出任何提示。如果当前图形文件是以 AutoCAD 缺省图名"Drawing1"或"Drawing2"等命名的新文件，则会弹出"图形另存为"对话框，利用该对话框，可以选择路径、文件类型，输入文件名。

【Saveas】(另存为)命令可用于存储未命名文件或重命名文件，主要用于将已命名的当前图形文件改存到其他位置(例如要将当前图形另存到 U 盘上)，或在当前位置改名、存盘，或更改文件的存储版本，或将文件存成".dxf"".dwt"等其他格式。一般图形文件应使用缺省类型"AutoCAD 2008 图形(*.dwg)"。启动该命令后，将弹出"图形另存为"对话框，其操作过程与启动【Qsave】命令弹出"图形另存为"对话框后的操作过程一样。同时，执行该命令后，AutoCAD 将自动关闭当前图形，将另存的图形文件打开并置为当前图形。

2. 自动保存

AutoCAD 提供了定时自动保存的功能，对于已经存过盘的文件，在用户设定了定时保存的间隔时间后，AutoCAD 会按设定的时间间隔自动保存图形文件而无需用户手动保存。存储图形文件本身需要一定的时间，因此设定的间隔时间要适当，如果时间间隔过短，则会使计算机频繁存盘，反而会降低工作效率，时间间隔也不宜过长，否则将使定时存盘失去应有的意义。一般来说可将自动保存的时间间隔设置为 10 min 左右。

用户可根据需要选择或取消该功能，并调节存储时间的间隔，其方法是：菜单栏【工具】→【选项】→"打开或保存"选项卡。

3. 转格式输出

为了把 AutoCAD 图形文件转到其他应用软件中去处理(如 3ds Max 等)，必须将 AutoCAD 图形格式的文件(.dwg 文件)转变为其他格式类型的文件。

1) 命令

菜单栏：【文件】→【输出】

2) 命令说明

调出输出命令后，将弹出"输出数据"对话框，在该对话框中首先选择需要输出的文件类型，并为输出的文件起一个名字，然后确定其输出路径，保存后就可将".dwg"格式的文件转变输出为其他图形格式的文件，并保存在指定的路径下，以供其他图形软件进行编辑与处理。

AutoCAD 可以输出的文件类型有：3DS 文件、DWG 图块、图元文件(WMF)、ACIS 文件(SAT)、位图文件(BMP)、DXX 文件、平版印刷文件(STL)、封装 PS 文件(EPS)等。

【例 1-1】　绘制图 1-10 所示的洗衣机平面图，保存为 2000 版"1-1 洗衣机.dwg"文件，文件位置放置在"D:/AutoCAD 作业"目录下。

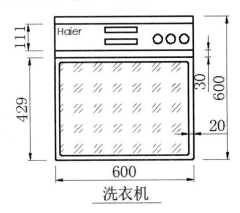

图 1-10　洗衣机平面图

操作步骤如下：

(1) 用【直线】绘制洗衣机外框和功能分区直线；

(2) 用【偏移】绘制玻璃盖板外框；

(3) 用【矩形】和【圆】绘制功能按键；

(4) 用【文字】绘制品牌 LOGO，用【图案填充】绘制玻璃盖板图案。

【例 1-2】　绘制图 1-11 所示的手机平面图，保存为 2000 版"1-2 手机.dwg"文件，文件放置在"D:/AutoCAD 作业"目录下。

操作步骤如下：

(1) 用【直线】绘制手机外框、音量键和电源键；

(2) 用【偏移】从下向上偏移出功能区横线；

(3) 用【点】将数字键盘区三等分；

(4) 用【文字】和【复制】绘制键盘数字及字母；

(5) 用【矩形】绘制拨号键、听筒和电量信号；

(6) 用【文字】绘制通话记录、品牌 LOGO;

(7) 用【圆角】修改手机外框、拨号键、听筒;

(8) 用【填充】填充上下边框、拨号键、听筒和电量信号;

(9) 绘制其他图元,并用【文字】命令绘制图名"MATE7 手机平面图";

(10) 用【保存】保存为 2000 版 CAD 文件。

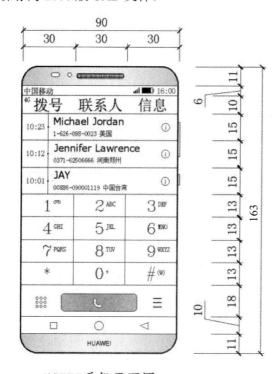

图 1-11 绘制手机平面图

1.6 AutoCAD 的学习特点与方法

1.6.1 AutoCAD 的学习特点

1. 对专业基础知识和计算机知识有一定要求

对于土木工程专业学生而言,AutoCAD 与普通专业课的最大区别在于,它不仅需要初学者具备一定的专业基础知识,而且还需要掌握一定的计算机知识。"建筑制图"和"房屋建筑学"都属于 AutoCAD 学习前的专业基础课,如果没有掌握"建筑制图"中建筑平面图、立面图和剖面图及三面投影的关系,在 AutoCAD 绘图时将难以把建筑或构件图形理解准确;同样,没有一定的计算机相关知识,例如 Microsoft Office Word 等应用工具类软件操作经验,面对 AutoCAD 操作界面时会感到无从下手,学习 AutoCAD 就更加困难。

2. 学生面对的对象太多

对于初学者，AutoCAD 操作界面的上面有标题栏、菜单栏和工具栏，中间有绘图工具栏、修改工具栏和绘图区，下面有人机交互区、命令行、坐标区和状态栏，仅仅是这些栏目数量都让其感觉束手无策、难以掌握，更别提工具栏中的众多命令、参数和快捷方式等对象给其带来的学习难度。因此，入门时应当理清学习思路，将众多对象简单化、易用化、分类化，将提高学习兴趣作为首要重点。

1.6.2　AutoCAD 的学习方法

1. 冒险学习法

鼓励学生在入门学习时要敢于冒险。冒险型学生敢于尝试新鲜事物，对于操作界面中的各种功能敢于使用、敢于犯错；保守型学生通常是要求自己通过老师讲授或看课本学会后，才进行上机动手操作，担心犯错。而 AutoCAD 实际是一门应用型课程，知识并不难，要敢于动手、发现错误，才能迅速地解决问题，快速地适应 AutoCAD 课程特点。

2. 符号学习法

"符号"是各软件的交集，应用软件开发的目的是便于用户操作和体验，符号起到了融会贯通的作用，例如符号" 𝒞 "和" ✏ "，不论在矢量绘图类软件 AutoCAD、办公软件 Office、图像处理软件 Photoshop，还是在建筑形象渲染软件 3D Max 中，都代表了"放弃"和"特性匹配"。因此，加强对符号的特征学习，熟悉一种软件的符号，有利于对其他软件学习的触类旁通，有利于降低新软件学习时的陌生感，并快速入门。

3. 以点带面学习法

各个命令的使用有着相似之处，在入门阶段通过强化学习一两个命令操作，有利于学生举一反三，快速掌握其他命令的操作。例如，所有命令的结束和再次调用都可以通过"空格"按键来实现：点击直线命令 ╱ ，再点击绘图区域，确定直线的一个端点，输入长度数值后再按"空格"，结束直线绘制后，再按"空格"按键，直线命令 ╱ 结束。下一个操作如果依然是绘制直线，则只需点击"空格"按键即可。举一反三，此方法对所有 AutoCAD 命令都适用。

4. 兴趣学习法

初学者先利用简单命令绘制生活中熟悉的东西，例如利用直线和偏移命令，绘制自己的手机。这种方法容易使初学者从绘图中感受到成就感和快乐，易于提升学习兴趣，增强自信心。

1.6.3　常见的 AutoCAD 操作问题

由于不适应 AutoCAD 的操作界面和人机对话习惯，在初学时会碰到各种各样的问题，这里对常见的 15 个问题进行说明：

(1) 不清楚空格键的两项基本功能。首先，按空格键可以结束当前命令，如"直线→鼠标选择第一点→2000→空格→空格"，结束"直线"命令，即绘制了一条 2000 mm 长的线段。其次，无命令状态下按空格键，可以调用上一个命令。如刚才的操作中，再次按空格键即调用"直线"命令。

(2) 因鼠标滑轮的放大缩小功能而产生的误会。按下某项命令操作后感觉无效，如绘制一段 100 mm 长的直线，输入"直线→鼠标选择第一点→100→空格→空格"后，画面没有反应，感觉命令无效，原因是在绘制直线操作之前，操作者在空白绘图区无意中进行了滑轮操作，导致图幅多次缩小，而 100 mm 直线相对太短，无法看到，此时只需利用鼠标滑轮，将画面放大即可。

(3) 图形已无法进一步缩小。这与绘图时所使用的单位和图形界限的大小有关，可使用 ZOOM 缩放命令解决，即输入"Z→空格→A→空格"，就可以进一步缩放图形。

(4) 某个工具栏消失。初学者无意间进行了误操作，让某个工具栏消失了，例如"图层"工具栏消失，解决办法是右键单击任意工具栏，在弹出的下拉菜单中左键单击"图层"，使其前面打钩"√"。

(5) 双击电脑桌面 AutoCAD 快捷方式后，进入到计算机预装的其他 AutoCAD 延伸应用软件，无法进行 AutoCAD 平台的正常绘图。例如进入 CASS 测绘软件界面，其非 AutoCAD 界面。CASS 软件是南方测绘仪器有限公司在 AutoCAD 平台上开发的一套集地形、地籍、空间数据建库、工程应用、土石方算量等功能为一体的软件系统。在绘图区"右键-选项-配置"，将"未命名配置"选择"置为当前"即可解决。

(6) 正交与对象捕捉设置概念不清楚。如寻找垂足点时发现对象捕捉没有设置选项，这是由于不熟悉正交和对象捕捉的概念所致，误认为垂足设置在正交设置中。

(7) 输入法变化带来的操作不当。利用坐标确定点，当输入(x, y)坐标数值后显示点无效，原因是之前的操作中使用了中文输入法，并开启了全角输入状态，而 AutoCAD 不识别该状态下的标点符号。解决方法是将输入法切换为英文。

(8) 没有养成和计算机沟通的习惯。使用者的每一次操作，计算机都会在命令栏给予记录和操作提示，要在语言与方式上习惯与计算机沟通。例如点击矩形命令 ▭ ，命令栏提示"指定第一个角点或 [倒角(C)/标高(E)/圆角(F)/厚度(T)/宽度(W)/]"，绘图区指定第一个点后，命令栏提示"指定另一个角点或 [面积(A)/尺寸(D)/旋转(R)]"，可以根据矩形的面积、尺寸或旋转需要进行对应操作，确定矩形的第二个角点，因此，从入门学习时养成良好的人机交流习惯很重要。

(9) 框选顺序不同带来的选择对象不同。鼠标从左上向右下顺序框选，图形对象只有全部在框内才会被选中；鼠标从右下向左上顺序框选，图形对象只要部分在框内就会被选中。

(10) 不理解鼠标在绘图时的用法。滑动鼠标滑轮，图形以十字光标为中心进行放大或缩小。按着鼠标滑轮不松，可以移动整个图形。

(11) 多行文字输入时，输入框太大甚至充满整个绘图屏幕。这是由于对文字高度 H 定义过大造成的，修改 H 为默认值 2.5 且完整执行一次多行文字输入即可。

(12) "命令栏"消失。解决方法是单击右键→选项→配置→重置→重启 CAD。

(13) 图层线型无法修改。双击该图层绘制的图元，修改线型比例。

(14) 高版本 CAD 操作界面恢复为经典界面。右键点击 CAD 操作界面右下角 ⚙ 图标，选择"AutoCAD 经典"。

(15) 输入绝对坐标，实际为相对坐标。原因是动态输入 DYN 开启，DYN 开启时默认输入为相对坐标，关闭 DYN 即可。

掌握这 15 个常见操作习惯，有利于初学者快速入门 AutoCAD 绘图工作。

本 章 小 结

作为建筑工程领域应用极其广泛的软件之一，AutoCAD 具备强大的绘图功能、灵活的图形编辑功能、多样的图形输出功能、网络支持功能和高级扩展功能。本章主要介绍 AutoCAD 软件的五个方面，即 AutoCAD 的基本操作步骤、AutoCAD 的常用工作界面、AutoCAD 图形文件的管理、AutoCAD 的学习特点和初学者最常遇见的十五个问题。本章的学习重点是：① AutoCAD 的安装与保存；② 标题栏、菜单栏、工具栏、绘图窗口、命令窗口、状态栏以及工具选项板的位置及调用；③ 利用"冒险学习法、符号学习法、以点带面学习法和兴趣学习法"快速度过软件学习入门期。

练 习 题

1. 如何在计算机上安装 AutoCAD 2018 软件？
2. AutoCAD 2018 的启动和文件保存方法有哪些？
3. AutoCAD 2018 的命令输入有哪几种方式？
4. 如何设置文件每 5 分钟自动保存一次？
5. 如何关闭和打开"图层"工具栏？
6. 当绘制图形的大小超过绘图区域时，鼠标滑轮无法进行放大与缩小，此时应当如何处理？
7. 图 1-12 所示为家具桌椅的平面、立面、侧面图，试绘制该桌椅的三视图。

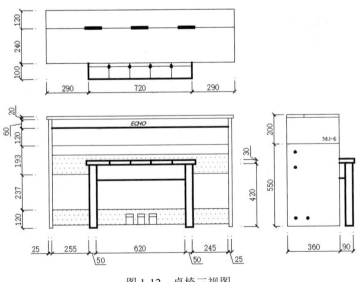

图 1-12　桌椅三视图

8. 试绘制如图 1-13 所示手机和自己的手机，并保存为 2004 版"1-手机.dwg"文件。文件位置放置在"D:/AutoCAD 作业-姓名"目录下。

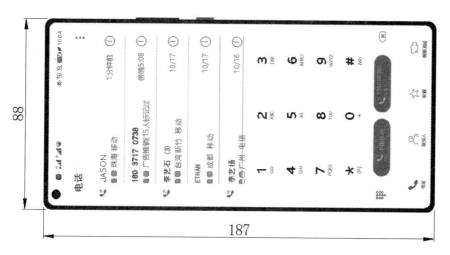

图 1-13(a)　手机平面图

图 1-13(b)　手机细部图

第 2 章   AutoCAD 绘制初始设置

【知识框架及要求】

知识要点	细节要求	水平要求
AutoCAD 的坐标系	① 世界坐标系与用户坐标系	了解
	② 直角坐标与极坐标	熟悉
	③ 绝对坐标与相对坐标	熟练
AutoCAD 的图层管理	① 图层特性设置	熟练
	② 图层管理设置	熟练
绘图单位与图形界限设置	① 绘图单位设置	熟练
	② 界限设置	了解
AutoCAD 的精确定位设置	① 栅格、正交、极轴、对象捕捉、DYN、线宽	熟练
	② 捕捉、对象追踪、DUCS、模型	熟悉

　　方案设计、初步设计和施工图设计构成了建筑设计的三个阶段。建筑工程施工图是建筑设计第三阶段的成果，它是将建筑构思转化为图纸的重要阶段，是建筑施工的主要依据。建筑工程施工图主要由建筑平面图、建筑剖面图、建筑立面图、结构施工图、建筑详图和结构详图等组成。建筑施工图越详细、越精确，与工程实际和规范要求契合度越高，建筑施工就越容易开展。因此，为了保证图纸信息的精确性，方便对绘图信息进行管理，在使用 AutoCAD 绘制建筑工程施工图时，首先要进行一系列的初步设置，包括坐标系、图层、图形界限和精确定位等。

2.1 AutoCAD 的坐标系

　　AutoCAD 是精确绘图软件，常常需要通过输入点的坐标来确定图形中点的精确位置，如线段的端点与中点、圆心等，因此，掌握坐标系和点的坐标输入方法十分重要。

2.1.1 坐标系类型(WCS 和 UCS)

CAD 坐标图层

　　AutoCAD 的坐标系有两种，分别是世界坐标系(World Coordinate System，简称 WCS)和用户坐标系(User Coordinate System，简称 UCS)。

1. 世界坐标系(WCS)

　　WCS 是 AutoCAD 默认的坐标系，坐标原点和坐标轴是固定的，不会随用户的操作而发生变化。其中，坐标原点为 X、Y、Z 坐标轴的交点，默认在绘图区左下角。X 轴的正方向为水平向右；Y 轴的正方向为垂直向上；Z 轴通过坐标原点垂直于 X、Y 轴所在的平面，正方向为指向用户的方向。在 AutoCAD 中鼠标所处位置的坐标就是屏幕底部状态栏上所显示的三维坐标值(X, Y, Z)，即世界坐标系中的坐标。建筑工程 AutoCAD 图形一般都是在 WCS 下的二维平面图形，因此只需要输入 X、Y 坐标来定义点的位置，Z 坐标系统自动赋值为 0。

三维 WCS 图标如图 2-1(a)所示，二维 WCS 图标如图 2-1(b)所示。

2. 用户坐标系(UCS)

根据绘图需要，用户可创建相对于 WCS 的坐标系，称为用户坐标系(UCS)。在 AutoCAD 默认情况下，用户坐标系和世界坐标系重合，用户可以在绘图过程中根据具体需要在 WCS 的任意位置和方向定义用户自己的坐标系。

三维 UCS 图标如图 2-1(c)所示，二维 UCS 图标如图 2-1(d)所示。

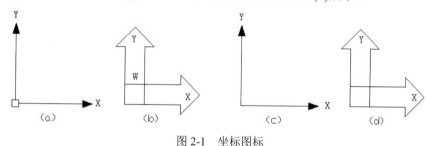

图 2-1　坐标图标

2.1.2　输入坐标的形式(直角坐标、极坐标)

点的坐标类型有 4 种，分别是直角坐标、极坐标、球面坐标和柱面坐标。AutoCAD 绘制建筑工程施工图时最常用的输入坐标形式是直角坐标和极坐标。

1. 直角坐标

某点在直角坐标系中的坐标称为该点的直角坐标。直角坐标又分为绝对直角坐标和相对直角坐标。

(1) 绝对直角坐标。某点的绝对直角坐标(简称绝对坐标)是指相对于当前坐标系坐标原点的坐标，可表示为(x, y, z)。二维图形绘制时，z 值为 0，因此如图 2-2(a)所示 P 点的绝对直角坐标为(x, y)。在图 2-2(b)中，A、C、D 三点的绝对直角坐标分别为(30, 20)、(0, 27)、(38, 0)。

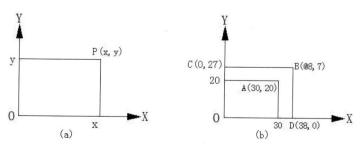

图 2-2　点的直角坐标

(2) 相对直角坐标。在直角坐标系中某点相对于另一点(非坐标原点)的坐标称为该点的相对直角坐标(简称相对坐标)。在 AutoCAD 中，通常是指一点相对于前一点的坐标。例如图 2-2(b)中 B 点的绝对坐标为(38, 27)，则 B 点相对于其前一点 A(30, 20)的相对坐标为(@8, 7)，B 点相对于其前一点 C(0, 27)的相对坐标为(@38, 0)，B 点相对于其前一点 D(38, 0)的相对坐标为(@0, 27)。

2. 极坐标

某点在极坐标系中的坐标称为该点的极坐标，极坐标也分为绝对极坐标和相对极坐标。

(1) 绝对极坐标。在极坐标系中某点相对于极点的坐标称为该点的绝对极坐标。形式为ρ < α，ρ表示该点到极点的距离，α表示点与极点的连线与极轴 OX 的夹角(以逆时针旋转为正)。如图 2-3(a)中，M 点的绝对极坐标为ρ < α；在图 2-3(b)中，M 点的绝对极坐标为 25 < 45。

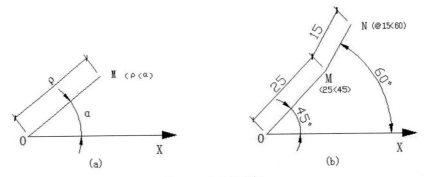

图 2-3　点的极坐标

(2) 相对极坐标。在极坐标系中某点相对于另一非极点的坐标称为该点的相对极坐标，同相对直角坐标一样，通常是指一点相对于前一点的坐标。在图 2-3(b)中，N 点相对于 M 点的极坐标是指：平移原极坐标系，使极点 O(0, 0)平移至 M 点，N 点在新的极坐标系中(M 点为极点)的坐标就是 N 点相对于 M 点的极坐标，用(@ρ < α)表示，ρ表示 M 点到 N 点的距离，α表示 MN 与极轴 OX 的夹角(以逆时针旋转为正)。图 2-3(b)中 N 点相对 M 点的极坐标为(@15 < 60)。

【例 2-1】　如图 2-4 所示，A 点坐标为(500, 900)，利用直角坐标和相对坐标功能，绘制拖把池。

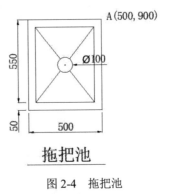

图 2-4　拖把池

操作步骤如下：

命令：(输入并执行画直线命令)

命令：_line

指定第一个点：500, 900

指定下一点或 [放弃(U)]: @-50, -50

指定下一点或 [退出(E)/放弃(U)]:

命令：_rectang

指定第一个角点或 [倒角(C)/标高(E)/圆角(F)/厚度(T)/宽度(W)]: (A 点)

指定另一个角点或 [面积(A)/尺寸(D)/旋转(R)]: d

指定矩形的长度 <10.0000>: 500

指定矩形的宽度 <10.0000>: 550

指定另一个角点或 [面积(A)/尺寸(D)/旋转(R)]:

命令：_rectang

指定第一个角点或 [倒角(C)/标高(E)/圆角(F)/厚度(T)/宽度(W)]:

指定另一个角点或 [面积(A)/尺寸(D)/旋转(R)]: d

指定矩形的长度 <500.0000>: 400

指定矩形的宽度 <550.0000>: 450

指定另一个角点或 [面积(A)/尺寸(D)/旋转(R)]:

命令：_line

指定第一个点：(A 点)

指定下一点或 [放弃(U)]: @-250, -275

指定下一点或 [退出(E)/放弃(U)]:

命令：_circle

指定圆的圆心或 [三点(3P)/两点(2P)/切点、切点、半径(T)]:

指定圆的半径或 [直径(D)]: 50

绘制中间两条相交直线并修剪：

命令：_trim

当前设置：投影 = UCS，边 = 无

选择剪切边...

选择对象或 <全部选择>：找到 1 个(圆)

选择对象：

选择要修剪的对象或按住 Shift 键选择要延伸的对象，或者[栏选(F)/窗交(C)/投影(P)/边(E)/删除(R)]:

已删除 2 个约束

2.2　AutoCAD 的图层管理

在计算机上看一张 AutoCAD 建筑工程图纸，常常会发现因线的颜色、粗细、形状等线型差异能给人以更强的识别感、美感，这就是 AutoCAD "图层" 管理功能带来的效果。

对计算机绘图的初学者而言，"图层"是一个比较抽象的概念，因为在传统的手工绘图中，每幅图只有一张图纸，各种图形对象(图线、文字、标注、表格等)都在这张图纸上，绘制需要十分细心，修改特别麻烦，而 AutoCAD 中则不同，它为了管理和控制复杂的图形、提高绘图效率，引入了"图层"的概念。利用图层，可以将不同种类和用途的对象分别置于不同的层上，从而实现对同类对象的有效管理。

形象地说，一个图层就像一张没有厚度的透明图纸，可以在每个图层上分别绘制不同的对象，最后再将这些透明的图纸叠加起来，就得到最终的复杂图形。如图 2-5 所示，把(a)、(b)、(c)三张图的 O 点重合叠加在一起，就得到了图(d)。因此，图(d)由三个图层构成，每一个图层的元素分别为(a)、(b)、(c)，这样的优点是方便对图形进行控制管理。

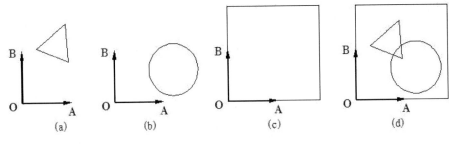

图 2-5　"图层"示意图

例如，在一张建筑平面图中，既有粗线、中线、细线等连续线形，又有点画线、虚线等非连续线型，同时又有尺寸标注、文字注释等其他对象，有了图层绘图时就可以将其分别定义在不同的图层，然后将各图层叠加就构成了建筑平面图。这样做的优点是用户可以对各个图层进行单独控制(如把连续直线更改为点画线时，只需对该连续直线所在图层进行设置，而无需对每条连续直线进行修改)，从而提高设计和绘图的质量与效率。

2.2.1　图层特性设置

在 AutoCAD 中，图层的特性设置包括创建和删除图层、更改图层的名称、设置图层的颜色、线型和线宽。

1. 创建图层

点击"对象特性"工具栏： (或菜单栏：【格式】→【图层】，命令行：Layer(LA)↵)执行命令后，会弹出如图 2-6 所示的"图层特性管理器"对话框。在图层信息窗口中有一个名称为"0"的图层，它是 AutoCAD 提供的一个默认图层，该图层的名称不能修改。

单击"图层特性管理器"对话框中的【新建】按钮 ，在列表中出现一个名为"图层 1"的新图层。再单击【新建】按钮，则又增加一个新图层，名称为"图层 2"，可依次不断增加。新图层的默认特性为：白色(7 号颜色)、Continuous(连续)线型、缺省线宽。在创建新图层时，如果图层显示窗口中存在一个选定图层，则新图层将沿用该选定图层的特性。用户可接受这些默认值，也可以设置其他值，并可随时对这些特性进行修改。

例如图 2-6 中除默认图层 0 之外，还新建了 6 个图层，名称分别为：标注、辅助线、墙、文字、轴线、柱。

图 2-6　"图层特性管理器"对话框

2. 更改图层名称

添加新图层后，用户可紧接着输入新图层名称，或者回车接受默认名称。图层创建后也可以随时修改图层的名称。

例如，点击"轴线"图层使其显亮，单击原有图层名称"轴线"，输入"ZX"↵。更改图层名称完毕。

图层名称最长可用 255 个字母或 127 个汉字，图层名称中不能有"*""!"等通配符和空格，也不能重名。用户在为图层命名时，最好能体现图层的特色，图层名一般应根据图层的功能或内容来命名，如可用"ZX(轴线)"、"QT(墙体)"、"Z(柱)"、"b"(粗实线)、"0.5b"(细实线)、"文字"、"尺寸标注"等作为图层名称。

3. 设置图层的颜色

单击图层的"颜色"标识 ▢白，调出如图 2-7 所示的"选择颜色"对话框。"选择颜色"对话框从左至右依次的选项分为 255 种索引颜色(ACI)、真彩色和配色系统，可从中选择一种颜色(如"蓝色")作为该图层的颜色。

"选择颜色"对话框从上到下包括三个调色板，上部最大的调色板由小方框组成，显示编号为 10～249 号的颜色；中部第二个调色板显示编号为 1～9 号的颜色，是 AutoCAD 标准色，其中 1～7 号为 7 种常用颜色，8～255 号颜色为全色；下部第三个调色板显示编号从 250～255 号的颜色，这些颜色表示灰度级。

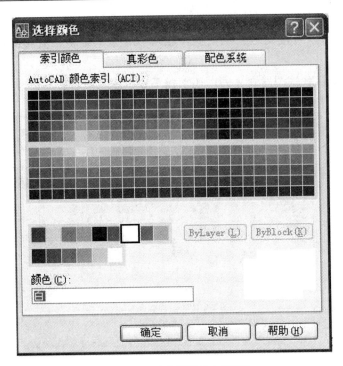

图 2-7 "选择颜色"对话框

4. 设置图层的线型

单击图层的线型标识 "Continuous" (或菜单栏:【格式】→【线型】,命令行: LineType↵),调出如图 2-8 所示的 "选择线型" 对话框。

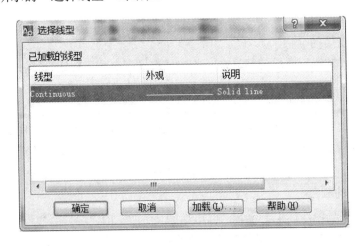

图 2-8 "选择线型"对话框

单击【加载】按钮,弹出图 2-9 所示的 "加载或重载线型" 对话框。在 "可用线型" 列表中选择要加载的线型(选择长点画线型 "ACAD-ISO04W100",然后单击【确定】按钮,再重新切换回 "选择线型" 对话框,在 "已加载的线型" 列表中显示出 "ACAD-ISO04W100" 线型,选中后单击【确定】按钮,结束线型设置,返回 "图层特性管理器")窗口。

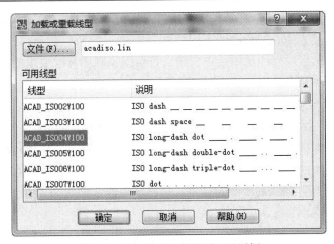

图 2-9　"加载或重载线型"对话框

　　设置线型后，由实线段、空白段、点或文字等元素组成的非连续线型(如虚线、点画线等)在屏幕上显示或用打印机(绘图仪)输出时，其元素的疏密程度可能不满足建筑图形要求，这就需要调整非连续线型的比例(连续线型不存在此问题)。非连续线型的比例分为全局比例和当前缩放对象比例(简称当前比例)。全局线型比例控制着整幅图形中所有非连续线型，包括将要绘制的非连续线型，当前比例与全局比例的乘积控制新绘制(将要绘制的)的非连续线型。非连续线型最终的线型比例等于全局比例和当前比例的乘积。

　　调整非连续线型比例的方法为，单击菜单栏：【格式】→【线型】，或在命令行输入："LineType↙"，调出如图 2-10 所示的"线型管理器"对话框。点击右上角【显示细节】按钮，在"全局比例因子"和"当前对象缩放比例因子"文本框中设置相应线型比例即可。线型比例用于控制非连续线型单位距离上重复短线、间隔等元素的数目，其值越小，短线、间隔等元素的尺寸就越小，单位距离上短线、间隔等元素的数目就越多；反之，则短线、间隔等元素的尺寸就越大，单位距离上短线、间隔等元素的数目就越少。

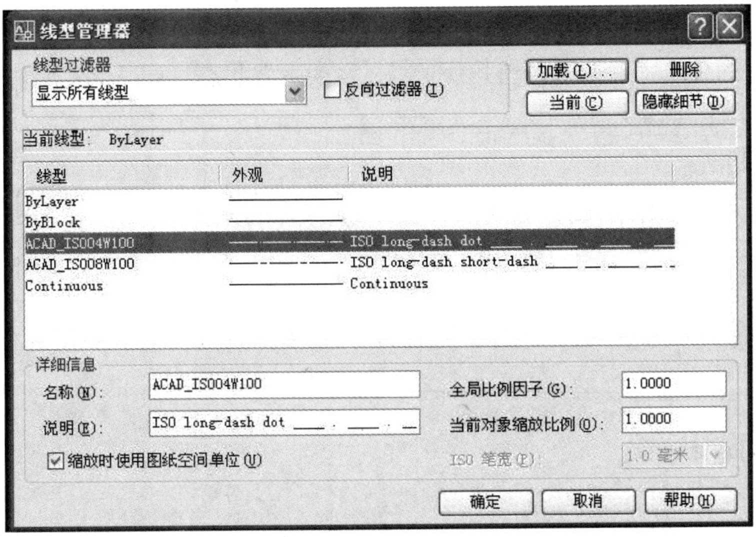

图 2-10　"线型管理器"对话框

例如，对"ACAD-ISO04W100"线型进行设置，修改"全局比例因子"分别为 2 和 10，试观察绘制长度为 400 的线段的不同效果。

合适的线型比例应以打印机或绘图仪输出符合国家制图标准要求的非连续线型为准，而不应以屏幕上显示是否合适为依据。

5. 设置图层的线宽

国家制图标准对不同功能线的粗细有着明确要求，(详情可以参考《建筑工程制图》)要绘制好建筑施工图，就要按照国家标准执行。AutoCAD 中，线的粗细由线宽设置，将直接影响该图层上图线的显示和打印宽度。图层线宽的设置方法是：单击图层的默认线宽标识，调出如图 2-11 所示的"线宽"对话框。选择某一线宽如 0.30 毫米，然后单击【确定】按钮，线宽设置结束。

图 2-11　"线宽"对话框

当线宽小于 0.3 毫米时，图层的屏幕显示和打印结果均为细线，无法显示短线、间隔等元素效果；当线宽大于或等于 0.3 毫米时，要想在图形窗口中观察到线宽的效果，需要单击状态行上的【线宽】按钮，使其处于"显示线宽"状态。在 AutoCAD 中，线宽默认处于"隐藏线宽"状态。

6. 删除图层

在绘图过程中，用户可随时删除不需要的图层。要删除图层，可先从"图层管理特性"对话框中选择一个或多个图层(按 Ctrl 键可同时选择多个图层)，然后单击该对话框右上部的【删除】按钮，则可将所选图层从当前图形中删除。

注意：0 层、定义点层、当前图层、依赖外部参照的图层、包括对象的图层不能被删除。

2.2.2　图层管理设置

在 AutoCAD 绘制建筑工程图时，图层的管理包括更换当前图层，控制图层的打开/关闭、解冻/冻结、解锁/锁定、打印/不打印等状态开关。新建的图层默认状态是"打开""解锁"和"可打印"。设置图层的一个重要目的就是分类管理图层上的对象,提高绘图效率。

单击相应图层上的某一状态图标,就可在两种状态间进行切换,从而实现对图层状态的管理;或者单击"图层"工具栏上的图层状态窗口,如图 2-12 所示,在下拉列表中单击某一状态开关也可以控制该图层的状态。

图 2-12　图层工具栏上的图层状态窗口

在绘图或编辑的过程中,灵活运用以大几个图层开关,会使绘图和编辑操作变得更加方便。

1. 更换当前图层

例如把某条线段的图层由"辅助线"更换为"轴线":单击线段→单击"图层状态列表框窗口"→在弹出的下拉列表中单击轴线图层。

2. 图层的打开/关闭

本开关的主要作用是更改选项控制图层的可见性。当图层处于"打开"状态时(状态图标为黄色小灯泡),本图层的对象能在绘图窗口中显示出来,并且可以被打印输出。当图层处于"关闭"状态时(状态图标为蓝色小灯泡),该图层上的对象不能在屏幕上显示也不能由绘图设备输出,但重新生成图形时,图层上的对象仍将参与重新生成的运算。

在绘图或编辑时,"关闭"一些暂时不需要观察的图层对象,可以在绘图窗口中突出显示需要观察的图形,以便于观察和捕捉要操作的对象。

3. 图层的解冻 / 冻结

与"打开/关闭"开关一样,本选项也可以控制图层的可见性与是否打印。冻结某图层时,该层上的对象不能在屏幕上显示,也不能由绘图设备输出。"冻结"与"关闭"的主要区别是:在"冻结"状态下,如果执行菜单:【视图】→【重生成】,或使用【Zoom】、【Pan】等命令对视图窗口进行缩放时,图层上的对象不参与重生成运算,因而运行速度比"关闭"要快。

注意:AutoCAD 不允许冻结当前层。

4. 图层的解锁 / 锁定

本开关用于控制图层的可编辑性。当图层处于"锁定"状态时,图层中的对象仍然可见,但不能对处于该图层中的对象进行选择和编辑操作(如删除、修剪、复制等)。有时,为防止某图层的对象被误编辑,将其所在层设置为"锁定"状态是一个不错的选择。

5. 图层的打印 / 不打印

图层设置为不打印,则该图层上的对象可看到,但不能在绘图设备上输出。

2.3　AutoCAD 的绘图单位与图形界限设置

一般情况下,在绘制图形之前需要先设置图形的单位,然后再设置图形的界限。

2.3.1　绘图单位的设置

图形中绘制的所有对象都是根据单位进行测量的,绘图前应该根据所画图形的实际情况来确定长度、角度的类型与精度。没有特殊情况,一般保持默认设置。设置的方法是:

菜单栏:【格式】→【单位(U)】(或命令行:Unist↵),打开如图 2-13 所示的"图形单位"对话框,设置长度和角度单位的类型和精度,还可以设置插入比例和光源强度,以及基准角度的方向控制(如图 2-14 所示的"方向控制"对话框)。

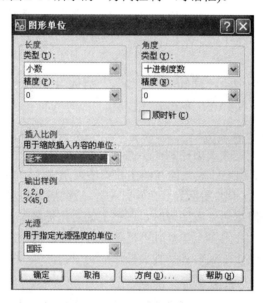

图 2-13　"图形单位"对话框

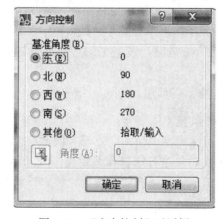

图 2-14　"方向控制"对话框

　　一般建筑工程制图中"长度"类型选择"小数"，其精度根据需要确定，小数点后取 0 位；在"角度"选项组选择"十进制度数"类型，精度为小数点后取 0 位；"插入比例"选择"毫米"。

2.3.2　图形界限的设置

　　绘制建筑工程施工图时要设置图幅大小，AutoCAD 环境下的对应操作就是设置图形界限。图形界限就是标明用户的工作区域和图纸的边界，设置图形界限就是为了避免绘制的图形超出这个范围。

　　图幅，即图纸幅面，指绘制图形的图纸大小，基本尺寸共有五种：A0、A1、A2、A3 和 A4，这与 ISO 标准规定的幅面代号和尺寸完全一致，具体的尺寸大小分别为：

$$A0 = 841 \text{ mm} \times 1189 \text{ mm}$$
$$A1 = 594 \text{ mm} \times 841 \text{ mm}$$
$$A2 = 420 \text{ mm} \times 594 \text{ mm}$$
$$A3 = 297 \text{ mm} \times 420 \text{ mm}$$
$$A4 = 210 \text{ mm} \times 297 \text{ mm}$$

AutoCAD 默认的图形界限为 A3 幅面。图形在图纸上的绘制是以某个比例尺的大小缩绘，图幅样式的选择与比例尺大小、图形尺寸大小和图样精细程度有关，这里以 100 m×80 m 的图形界限为例进行说明：

　　　　菜单栏：【视图】→【缩放】→【全部】(或在命令行输入 Z↵，A↵)
　　　　菜单栏：【格式】→【图形界限】(或命令行：Limits↵)
　　　　指定左下角点或 [打开(ON)/关闭(OFF)]<0.000, 0.000>：↵ (接受缺省值，确定图幅左下角坐标)
　　　　指定右上角点或 [打开(ON)/关闭(OFF)]：100000，80000 ↵ (键入图幅右上角坐标)

　　因为图形界限刚设置完成时，一般在屏幕上不能全部显示其范围(特别是设置的图形界限较大时)，为了在屏幕上能够全部显示其范围，设置图形界限后要进行全部缩放操作。

　　在"指定左下角点或 [打开(ON)/关闭(OFF)]<0, 0>："信息提示行中，"打开(ON)/关闭(OFF)"是指将绘图界限检查功能打开与关闭，当输入"ON↵"时，AutoCAD 把用户的绘图范围限制在图形界限内，用户在此图形界限外画图时，系统会在命令行给出"**超出图形界限"提示，用户将不能在图形界限外画图。AutoCAD 默认选项为关闭(OFF)，一般情况下不要打开图形界限开关。

　　需要注意的是，设置的图形界限就是栅格点显示的范围，即【Zoom】命令中【比例】选项所针对的基准区域和【Zoom】命令中【All】选项显示的最小范围。另外，用户还可指定图形界限作为打印区域。

2.4　AutoCAD 的选项管理设置

2.4.1　选项管理设置的作用

　　根据需要，AutoCAD 可以通过"选项"管理设置对缺省系统配置进行修改，设置一个适合自己工作的系统配置。

"选项"管理设置对话框(如图 2-15 所示)常用的调用方法主要有以下几种:

(1) 右键快捷方式:在命令等待状态下,在绘图窗口单击右键鼠标调出快捷菜单,从中选择【选项】。

(2) 菜单栏:【工具】→【选项】。

(3) 命令行:Options↵。

2.4.2　常用的两项修改设置

1. 修改绘图区背景色为白色

AutoCAD 的默认绘图窗口背景颜色是黑色,这样可以减轻绘图时屏幕带来的眼睛疲劳感,有些情况(如多媒体教学或屏幕截图时)下,需要将背景颜色修改为白色,操作步骤如下:

(1) 调出"选项"对话框,单击"显示"选项卡,如图 2-15 所示。

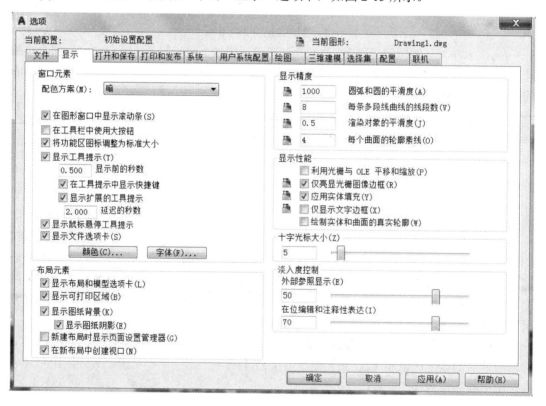

图 2-15　"选项"对话框

(2) 单击该对话框"窗口元素"选项组中的【颜色】按钮,弹出"图形窗口颜色"对话框,如图 2-16 所示。

(3) 在"图形窗口颜色"对话框中,在"上下文"窗口选择更改颜色的界面内容(如"二维模型空间"),在"界面元素"窗口选择"统一背景",在"颜色"下拉列表中选择"白"。

(4) 单击【应用并关闭】按钮，返回"选项"对话框。

(5) 单击【确定】按钮，返回界面。

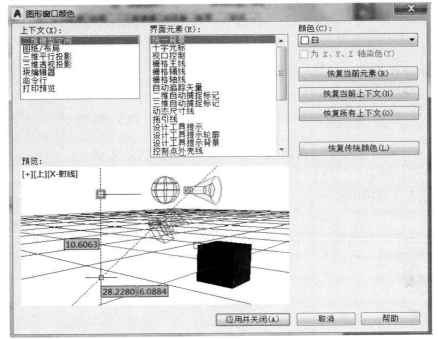

图 2-16　"图形窗口颜色"对话框

2. 修改"自动捕捉标记"为蓝色

AutoCAD 默认状态的"自动捕捉标记"颜色为 31 号色，在白色背景中这种颜色不太醒目，一般将其改为其他较为醒目的颜色(如蓝色等)，更改方法如下：

(1) 在图 2-16 中的"界面元素"窗口选择"自动捕捉标记"。

(2) 在"颜色"下拉列表中选择"蓝色"。

(3) 单击【应用并关闭】按钮，返回"选项"对话框。

(4) 单击【确定】按钮，返回界面。

3. 修改"可用配置"为"未命名配置"

如果计算机上同时安装了 AutoCAD 和 CASS(一种测绘软件)等软件，打开 AutoCAD 程序时可能进入 CASS 程序界面，无法绘制 AutoCAD 图形。问题的解决办法是修改选项卡中"可用配置"为"未命名配置"，方法如下：

(1) 在图 2-15"选项"对话框中的"配置"窗口选择"未命名配置"，单击【置为当前】按钮。

(2) 单击【确定】按钮，返回界面。

2.4.3　"选项"对话框中各选项卡简介

1. 选项卡简介

"选项"对话框中各选项卡包括：文件、显示、打开和保存、打印和发布、系统、用户系统配置、绘图、三维建模、选择集、配置、联机见图2-15"选项"对话框。

2. 选项卡设置注意事项

实际应用 AutoCAD 绘制和编辑图形时，用户可根据需要，通过"选项"对话框各选项卡的详细功能(参考其他资料)来设置自己的系统配置。对初学者来说，一般采用"选项"对话框的缺省设置即可，对"选项"对话框中缺省设置的修改应特别慎重，若在设置过程中遇到自己一时处理不了的问题，可利用【重置】按钮将系统恢复到初始缺省状态。

2.5 AutoCAD 的精确定位设置

传统的手工绘图使用三角板、丁字尺、量角器、圆规、分规等工具，可以绘制水平线、垂直线和各种角度的直线，确定点的位置。AutoCAD提供了"捕捉""栅格""正交模式""极轴追踪""对象捕捉""对象追踪""动态输入 DYN""显示控制"等精确定位控制工具来帮助用户精确定位与绘图。

CAD 精确定位

2.5.1 捕捉

捕捉实际上是栅格捕捉，它与栅格显示是配合起来使用的。打开"捕捉"模式(单击状态行上的【捕捉】按钮)，光标将呈现跳跃式移动，光标所捕捉的点将仅限于栅格捕捉间距所确定的固定点，而不能选择固定点以外的点。关闭"捕捉"模式后，光标便可任意光滑移动。

绘制建筑工程图时一般不按下【栅格】和【捕捉】按钮。

2.5.2 栅格

栅格是一种可见的位置参考图标，由一系列排列规则的点(或线)组成，像坐标纸一样，用来帮助用户定位。打开栅格时，栅格只填充在矩形绘图界限内，标示出当前绘图工作区域。栅格只是一种在屏幕上显示的视觉工具，不是图形的一部分，所以不会打印输出到图纸上。

1. 栅格设置方法

(1) 状态行：右键单击【栅格】按钮→"设置"。

(2) 命令：Grid↵。

2. 命令说明

(1) 输入并执行 Grid 命令后，会出现下列提示信息：

指定栅格间距(X)或 [开(ON)/关(OFF)/捕捉(S)/主(M)/自适应(D)/界限(L)/跟随(F)/纵横向间距(A)]<10.0000>:

(2) 状态行：右键单击【栅格】按钮→"设置"后，会弹出如图 2-17 所示的"草图设置"对话框，可根据具体情况进行相应设置。

图 2-17　"草图设置"对话框

2.5.3　正交

水平线和垂直线是最常见的直线方式，在用 AutoCAD 绘制建筑工程图时，可以利用正交模式，强制使所画直线平行于 X 轴或 Y 轴，即画正交线(水平线和垂直线)。正交设置方法如下：

(1) 状态行：【正交】按钮。

(2) 功能键：F8。

(3) 命令行：Ortho↵ 选 on 或 off 进行"开"和"关"的切换。

当打开正交模式时，不会影响通过键盘输入坐标或通过对象捕捉来确定点的功能。

2.5.4　对象捕捉

对象捕捉，是指 AutoCAD 能自动寻找到对象上拟捕捉的几何特征点，并将捕捉框准确定位在这些捕捉点上，从而精确捕捉到拟捕捉点的功能。如图 2-18 所示，有一条线段 MN 和一个圆 O，现希望过线段 MN 的中点 A 向圆 O 作一切线，由于线段 MN 的中点和在圆 O 上的切点 B 的坐标都不知道，所以不可能用键盘输入坐标值的方法快速准确地绘制出符合要求的线段 AB。如果使用对象捕捉的"捕捉到中点"和"捕捉到切点"捕捉功能，在启动绘制直线命令后，将光标分别移动到线段 MN 中点附近和在圆上大致相切的地方，AutoCAD 就会准确地捕捉到线段 MN 中点 A 作为新画直线的起点、自动捕捉到在圆上的切点 B 作为新画直线的终点。

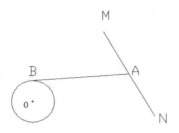

图 2-18　对象捕捉

需要注意的是，对象捕捉包括临时对象捕捉(又称为单一对象捕捉)和永久对象捕捉(又称为固定对象捕捉)两种方式，要做到精确绘图，对象捕捉是一项必须设置的快速定点方法。

1. 捕捉模式

AutoCAD 的对象捕捉，有以下几种模式：

(1) 捕捉到端点：捕捉直线段、圆弧、多段线等对象的端点。在选择此选项后，移动鼠标指向要捕捉对象的端点附近，当端点出现小矩形标记时，表示系统已经捕捉到了对象的端点，单击就可选定该点。要说明的是，如果在十字鼠标指针的附近有多个对象的端点，那么 AutoCAD 将捕捉最靠近十字鼠标指针的对象端点。

(2) 捕捉到中点△：捕捉直线段、多段线、圆弧等对象的中点。在选择此选项后，移动鼠标指针到要捕捉对象的中点附近，对象中点处会出现小三角标记，表示系统已经捕捉到了对象的中点，单击即可选定该点。

(3) 捕捉到交点：捕捉直线(段)、圆弧、圆等对象的交点。

(4) 捕捉到延长线 ┈┈：捕捉对象延长线上的点。捕捉此点前，应先捕捉该对象的某端点。

(5) 捕捉到圆心 ◎：捕捉圆、圆弧和椭圆的中心点。

(6) 捕捉到象限点：捕捉圆、圆弧、椭圆或椭圆弧 0°、90°、180°和270°位置上的点。

(7) 捕捉到切点：捕捉与圆、圆弧、椭圆相切的点。该点与上一个点或下一个点的连线应与所选择的对象相切，所以切点捕捉不能单独确定一个点。

(8) 捕捉到垂足：捕捉所画直线(段)与某直线(段)、圆、圆弧、椭圆、多段线、样条或其延长线垂直的点。和切点捕捉一样，垂足点捕捉也不能单独确定一个点。

(9) 捕捉到平行线 ∥：捕捉与某直线平行的直线上的点，此操作不能捕捉绘制对象的起点。捕捉到平行线可以快速绘制过已知点与某条直线(段)平行的直线(段)，具体操作参见例 2-1。

(10) 捕捉到插入点：捕捉图块、外部参照、属性、属性定义或文本对象的插入点。

(11) 捕捉到最近点：捕捉直线、圆、圆弧等对象上最靠近光标方框中心的点。

(12) 捕捉到节点 ○：捕捉由 Point 命令绘制的点。

(13) 捕捉到外观交点：用于捕捉二维图形中相交而在实际三维模型中并不相交的点。在二维空间中，此功能与交点捕捉功能相同。

(14) 捕捉自：这是一种特殊的对象捕捉方式，当知道拟确定点与已知点(参考基准点)间的相互关系时，应用"捕捉自"命令十分方便，操作方法见例 2-3。

(15) 临时追踪 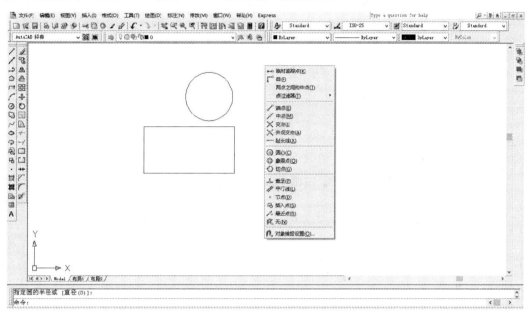 。

绘图时捕捉模式的类型和各个模式的符号一一对应，这有利于绘图的纠错和精确。

2. 临时对象捕捉

对于偶尔需要捕捉的特殊点，可采用临时对象捕捉的方式。在命令执行过程中，当系统提示输入点时，可激活临时对象捕捉模式，去捕捉需要的特殊点。临时对象捕捉模式常用以下两种方式激活：

(1) 通过右键快捷菜单激活。当提示指定点时，按住 Shift 键并在绘图区单击右键，将弹出快捷菜单，如图 2-19 所示，单击设置相应捕捉模式。

图 2-19　"对象捕捉"右键快捷菜单

(2) 通过"对象捕捉"工具栏激活。在工具栏上右键单击，在快捷菜单中选取"对象捕捉"工具栏，通过单击"对象捕捉"工具栏上某一对象捕捉模式，激活该对象捕捉模式。

3. 永久对象捕捉

永久对象捕捉模式是指将捕捉固定在一种或数种捕捉模式下，打开对象捕捉功能后可一直执行所设置的捕捉模式，不需要每次都激活对象捕捉功能。绘制建筑工程图通常使用永久对象捕捉模式，设置方法主要有：

(1) 状态行：单击右键【对象捕捉】按钮→在快捷菜单中选择"设置"。

(2) 下拉菜单：【工具】→【草图设置】→【对象捕捉】。

(3) 命令行输入：Ocnap↵。

执行命令后，弹出如图 2-20 所示的"草图设置"对话框，在"对象捕捉"区内有 13 种固定捕捉模式，根据需要选择一种或几种对象捕捉模式，然后单击【确定】按钮退出对话框。在图 2-20 中选中了【端点】、【中点】、【圆心】、【交点】、【延长线】和【垂足】6 种常用捕捉模式。打开对象捕捉功能移动鼠标时，AutoCAD 不仅会自动捕捉对象上符合设置条件的几何特征点，而且还会显示相应的标记。各对象捕捉标记与图 2-20 中"对象捕捉模式"区域中各捕捉模式的图标相同,熟悉这些标记有利于快速绘图。

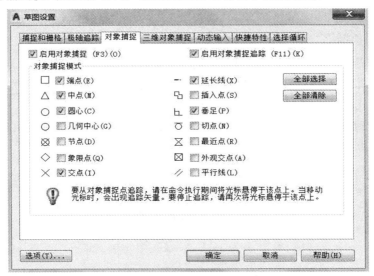

图 2-20　"草图设置"对话框

4. 打开对象捕捉的方法

(1) 状态行:单击【对象捕捉】按钮,按下为"打开",弹起为"关闭"。

(2) 按 F3 键。

(3) 在"对象捕捉"选项卡中选择"启用对象捕捉(F3)"选项。

在实际应用时,一般将常用的几种捕捉模式设置成永久对象捕捉(如果设置得太多,则不易快速捕捉到拟捕捉的点,达不到应有的效果),对不常用的对象捕捉模式可使用临时对象捕捉。

【例 2-2】　如图 2-21 所示,用临时对象捕捉功能,过圆心 O 作 OP 平行于 MN,尺寸分别为圆 O 半径 30,MN = 200,OP = 180。

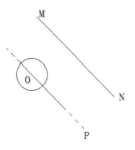

图 2-21　例 2-2 图

操作步骤如下:

命令:(输入并执行画直线命令)

_line 指定第一点:(从"对象捕捉"工具栏上单击捕捉圆心 ⊙ 图标)

_cen 于(将光标靠近圆心,则在圆心处出现圆心标记,单击鼠标确定第一点)

指定下一点或 [放弃(u)]:(从"对象捕捉"工具栏上单击 ∥ 图标)

_par 到(将光标在直线 MN 上稍做停留,MN 上会出现一个平行线的符号(不要击鼠标),移开鼠标指针并使其慢慢绕 O 点转，当要画直线与指定的直线 MN 平行时，会显示一条点状辅助线，同时在直线 MN 上出现 ⫽ 符号，使光标沿引线方向移动到 P 点单击，或输入 OP 的长度↵)。

【例 2-3】 如图 2-22 所示，A 为 MN 的中点，用永久对象捕捉功能，画一条线段 AB 与圆 O 相切，切点为 B，不标注尺寸，不注释文字。

操作步骤如下：

调出图 2-20 所示的"草图设置"对话框，勾选"中点""切点"，单击【确定】按钮，退出"草图设置"对话框。

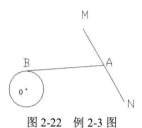

图 2-22　例 2-3 图

命令：(输入并执行画直线命令)

_line 指定第一点：(将光标靠近直线中点，当直线中点处出现中点标记后，单击鼠标)

指定下一点或 [放弃(u)]：(将光标靠近直线与圆大致相切处，在此处出现切点标记后，单击鼠标)

指定下一点或 [放弃(u)]：↵

【例 2-4】 已知 O 点、A 点、E 点的位置关系如图 2-23 所示，用"捕捉自"工具，以 O 为圆心画一半径为 10 的圆，不标注尺寸，不注释文字。

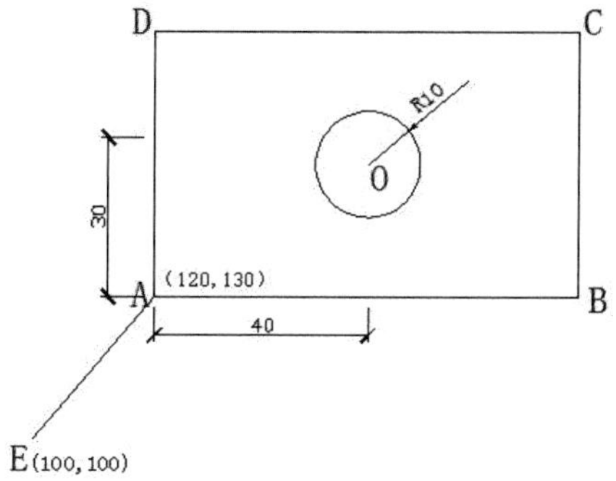

操作步骤如下：

(1) 确定 E 点。

命令：(输入并执行直线命令 line)

_line 指定第一点：100, 100

(2) 确定 A 点。

指定下一点或 [放弃(u)]：@20, 30

(3) 确定 O 点。

图 2-23　例 2-4 图

命令：(输入并执行绘圆命令 circle)

指定圆的圆心或 [三点(3P)两点(2P)相切、相切、半径(T)]：

利用临时捕捉模式激活"捕捉自"功能(按住 Shift 键并在绘图窗口空白处单击右键，在快捷键菜单中选取"捕捉自"或用另一种方式)

_指定圆的圆心或 [三点(3P)两点(2P)相切、相切、半径(T)]：

_from 基点：(捕捉 A 点，确定基准点)

_circle 指定圆的圆心或 [三点(3P)两点(2P)相切、相切、半径(T)]：

_from 基点：<偏移>：@40, 30(输入要确定的圆心与基准点 A 的相对坐标)

指定圆的半径或 [直径(D)]：10

"捕捉自"命令不能单独使用，只能在调用其他命令后使用。

2.5.5　极轴与对象追踪

设置极轴追踪的操作如下。

1. 命令

(1) 用右键单击状态行上的【极轴】按钮或【栅格】、【捕捉】、【对象捕捉】、【对象追踪】和"动态输入"【DYN】按钮中的任意一个，从快捷菜单中选择"设置"。

(2) 右键快捷方式：Shift + 单击右键→快捷菜单→"对象捕捉设置"选项。

(3) 菜单栏：【工具】→【草图设置】

2. 命令说明

执行极轴追踪设置命令后，会弹出"极轴追踪"选项卡的"草图设置"对话框，如图 2-24 所示，图中各选项含义及设置方法如下：

图 2-24　"草图设置"对话框

(1)"启用极轴追踪(F10)"复选框。该复选框控制极轴追踪方式的打开与关闭，也可用 F10 功能键打开或关闭。

(2)"极轴角设置"选项组。该选项组用于设置极轴追踪的角度，设置方法是从该选项组"角增量"下拉列表中选择一个角度值，也可以输入一个新角度值。所设角度将使 AutoCAD 以该角度及该角度的倍数进行极轴追踪。

"附加角"复选框：用来设置附加角度，在选择使用附加角后，【新建】和【删除】按钮可在其左侧的列表中为极轴追踪设置或删除附加角。

(3)"对象捕捉追踪设置"选项组。在该选项组中有两个单选钮，用于设置对象捕捉追踪的模式(该设置不影响极轴追踪)。选择"仅正交追踪"选项，捕捉追踪仅显示水平和垂直追踪方向。选择"用所有极轴角设置追踪"选项，可显示极轴追踪所设的所有追踪方向。

(4)"极轴角测量"选项组。该选项组内有两个单选钮,用于设置测量极轴追踪角度的参考基准。选择"绝对"选项，极轴追踪角度将以当前用户坐标系(UCS)为参考基准。选择"相对上一段"选项，极轴追踪角度将以最后绘制的对象为参考基准。

(5)【选项】按钮。单击【选项(T)】按钮，将弹出显示"草图"标签的"选项"对话框，如图 2-25 所示。该对话框右侧为"自动追踪设置"选项组，可在此做所需的设置。拖动滑块可调整捕捉靶框的大小。

图 2-25　调整捕捉靶框的大小

极轴追踪方式可通过单击状态行上的【极轴】按钮来打开或关闭,【极轴】与【正交】按钮不能同时开启。

【例 2-5】 用极轴追踪方式绘制图 2-26(a)所示矩形 ABCD 的正等轴测图,不标注尺寸,不注释文字。

操作步骤如下:

(1) 设置极轴追踪的角度。

在状态行上的【极轴】按钮上单击右键,从快捷菜单中选择【设置】。在弹出的选项卡中,从角增量下拉列表框中选择角增量"30",打开极轴追踪,单击【确定】按钮退出对话框。此时状态行上【极轴】按钮下凹,即极轴追踪打开。

(2) 画线。

命令:(输入并执行画直线命令)

_line 指定第一点:(指定 A 点:用鼠标直接确定起点"A")

指定下一点或 [放弃(U)]:(指定"B"点:向右上方移动鼠标,自动在 30°线上出现一条点状射线,此时,键入直线长 100↵,画出直线 AB)

指定下一点或 [放弃(U)]:(指定"C"点:向左上方移动鼠标,自动在 150°线上出现一条点状射线,此时,键入直线长 60↵,画出直线 BC)

指定下一点或 [放弃(U)]:(指定"D"点:向左下方移动鼠标,自动在 210°线上出现一条点状射线,此时,键入直线长 100↵,画出直线 CD)

指定下一点或 [放弃(U)]:(连"A"点:向右下方移动鼠标,自动在 270°线上出现一条点状射线,此时,捕捉端点"A",画出直线 DA)

结果如图 2-26(b)所示。

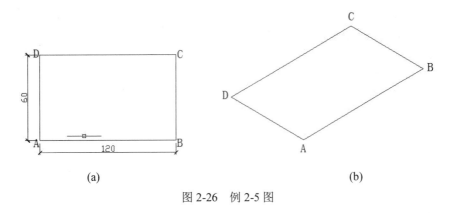

(a)　　　　　　　　　　　　　　　　　　(b)

图 2-26　例 2-5 图

2.5.6　动态输入 DYN

在命令行输入命令时，视线需要向下移动。对于复杂的建筑图形设计操作，这样一个小动作的次数累计不仅会让设计者增加疲惫感，而且会分散图面注意力，降低效率。AutoCAD 提供了动态输入 DYN 的功能，输入命令和坐标等信息时，信息直接在临近十字光标右下角位置出现。例如，动态输入 DYN 开关打开后，绘制圆输入命令 c，见图 2-27 显示，回车后即调用了"圆"命令。

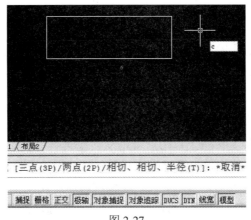

图 2-27

通常，在命令行输入相对坐标，需要在坐标前加符号@，考虑实际绘图中相对坐标使用频率更高，动态输入框中坐标输入与命令行有所不同，如果之前没有定位任何一个点，输入的第一个坐标就是绝对坐标，在定位下一个点时默认输入的就是相对坐标，无需在坐标值前加符号@。此时，如果想在动态输入的输入框中输入绝对坐标的话，则要先输入一个"#"号，例如输入"#20, 30"，就相当于在命令行直接输入"20, 30"，输入"#20 < 45"就相当于在命令行输入"20 < 45"。

本　章　小　结

本章主要对 AutoCAD 软件绘图前的四个方面初始设置进行了介绍，即 AutoCAD 图形坐标系、图层、图形界限和精确定位的设置。本章的学习重点是：① 直角坐标和极坐标的输入形式，绝对坐标和相对坐标的输入方法；② 设置图层颜色、线型和线宽的方法；③ AutoCAD "选项"对话框中显示和保存的设置方法；④ AutoCAD 的正交和对象捕捉设置。本章的学习难点是：① 图层的打开/关闭、解冻/冻结、解锁/锁定、打印/不打印等的控制方法；② AutoCAD 的栅格、对象追踪和动态输入 DYN 的设置。

练 习 题

1. 相对直角坐标和相对极坐标的表示方法分别是什么？

2. 绘制建筑工程图为什么要先设置图层？如何设置图层的颜色、线宽、线型与名称？图层命名应该如何考虑？

3. 关闭、冻结和锁定图层的区别是什么？

4. 绘制建筑工程图时一般对绘图单位设置的要求是什么？

5. 如何设置绘图窗口的背景颜色？

6. 计算机同时装有 AutoCAD 和 CASS 软件，如何在两者之间进行切换？

7. 绘制建筑工程图时如何充分利用正交和对象捕捉功能？

8. 绘制图 2-28 所示的双洗手盆，注意图层中线宽的设定。

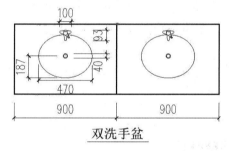

双洗手盆

图 2-28 双洗手盆

9. 新建一个 AutoCAD 文件，根据表 2-1 进行图层设置。利用各图层对应的项目，绘制自己宿舍的剖面图(示意图见图 2-29)和宿舍楼水房的室内图，注意正交、对象捕捉的应用。

表 2-1 图层设置参数

图层名称	颜色	线型	线宽	备注
0	白色	Continuous	默认	不修改
墙	白色	Continuous	0.3mm	中线
轴线	红色	ACAD_ISO02W100	默认	虚线
辅助线	白色	ACAD_ISO04W100	默认	点画线
标注	黄色	Continuous	默认	
文字	白色	Continuous	默认	
图框	白色	Continuous	默认	图框、标题栏
门窗	青色	Continuous	默认	
室内设施	灰色	Continuous	默认	家具、洗手池等

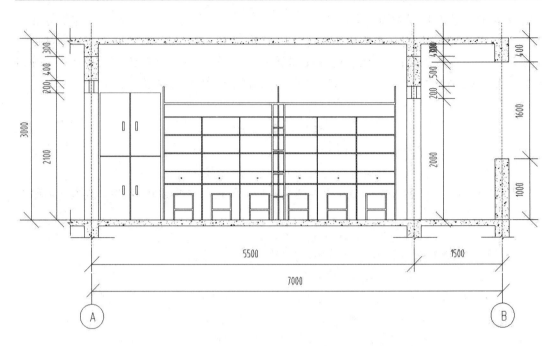

图 2-29　宿舍剖面示意图

10. 绘制排水沟大样图，如图 2-30 所示。

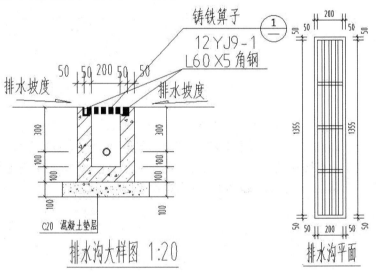

图 2-30　排水沟大样图

第 3 章　AutoCAD 常用绘图命令

【知识框架及要求】

知识要点	细节要求	水平要求
绘图命令	① 直线、构造线与多线	熟练
	② 多段线、正多边形与矩形	熟练
	③ 圆弧、圆、样条曲线、椭圆、插入块	熟练
	④ 点、图案填充、文字、表格和面域	熟练

　　任何复杂的二维图形都可以看作是由直线、圆、椭圆、圆弧等基本图形组成的，掌握二维图形绘图命令的使用方法，是熟练应用 AutoCAD 的基础，本章主要学习建筑工程制图中二维图形的绘图命令。

　　二维图形的绘图命令由直线、构造线、多线、多段线、正多边形、矩形、圆弧、圆、样条曲线、椭圆、插入块、点、图案填充和文字命令等组成。可以通过菜单栏【绘图】下拉菜单看到各个绘图命令，如图 3-1 所示。绘图命令的调用方式主要是菜单调用、工具栏调用和快捷键调用。

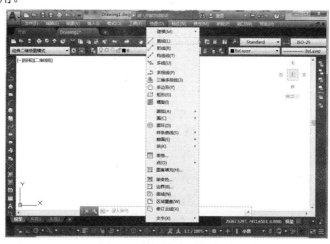

图 3-1　绘图命令下拉菜单

3.1　直线类命令

　　直线类命令包括直线、构造线和多线，本节将逐一进行描述。

直线 L 射线 XL
圆弧 A 圆 C

3.1.1　直线

【直线】命令用于绘制一条直线段(包括水平线、垂直线、任意斜线)或多条首尾相连的折线段以及封闭多边形。

1. 命令

(1) "绘图"工具栏：

(2) 菜单栏：【绘图】→【直线(L)】。

(3) 命令行：Line(L)↵。

2. 命令说明

(1) 指定第一点：指定直线段的起始点。

(2) 指定下一点：通过鼠标或坐标给出直线的方向，通过距离输入或对象捕捉确定直线段的端点。此后，该提示将重复出现，可以连续绘制多条相互连接的直线段，绘制完毕后按回车键或空格键结束命令。

(3) 放弃(U)：若输入 U↵或单击右键选择快捷菜单中的"放弃"，则取消刚刚画出的线段。连续输入 U↵可连续取消相应的线段。

(4) 闭合(C)：当连续绘制两条以上不在同一直线上的线段时，选择此项，可使最后一条线段的端点自动连接到第一条线段的起点，形成闭合。

绘制连续折线时，首先指定第一点，然后连续指定多个点，最后结束命令。与多段线不同(后续介绍)，每一条直线段均是独立的单一对象，可以单独编辑。

【例 3-1】　绘制如图 3-2 所示的五边形，线段尺寸根据形状自行估计。

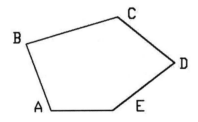

图 3-2　直线绘制任意尺寸五边形

操作步骤如下：

命令：(输入并执行直线命令)

指定第一点：(输入直线段的起点：用鼠标在绘图窗口的适当位置单击作为第一点 A)

指定下一点或 [放弃(U)]：(鼠标指向 AB 方向，输入尺寸或直接点击确定端点 B)

指定下一点或 [放弃(U)]：(鼠标指向 BC 方向，输入尺寸或直接点击确定端点 C)

指定下一点或 [闭合(C)/放弃(U)]：(鼠标指向 CD 方向，输入尺寸或直接点击确定端点 D)

指定下一点或 [闭合(C)/放弃(U)]：(鼠标指向 DE 方向，输入尺寸或直接点击确定端点 E)

指定下一点或 [闭合(C)放弃(U)]：(输入 C↵或对象捕捉到 A 点，折线封闭于 A 点)

空格或回车

【例 3-2】　绘制如图 3-3 所示的台阶状图形，A 点坐标为(500, 500)，利用绝对坐标确定点 A、H，利用相对坐标确定点 B、C、J、K，利用直线段距离确定点 D、E、F、G，不标尺寸，不注释文字。

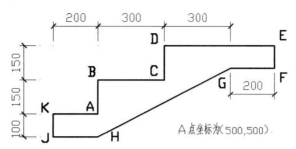

图 3-3　利用绝对坐标、相对坐标和距离绘制直线段

操作步骤如下：

(确定点 A、B、C、D、E、F)命令：_line 指定第一点：500, 500↵

指定下一点或 [放弃(U)]：@0, 150

指定下一点或 [放弃(U)]：@300, 0

指定下一点或 [闭合(C)/放弃(U)]：150

指定下一点或 [闭合(C)/放弃(U)]：300

指定下一点或 [闭合(C)/放弃(U)]：200

指定下一点或 [闭合(C)/放弃(U)]：100

(确定点 G、H、J、K)指定下一点或 [闭合(C)/放弃(U)]：200

指定下一点或 [闭合(C)/放弃(U)]：500, 400

指定下一点或 [闭合(C)/放弃(U)]：@−200, 0

指定下一点或 [闭合(C)/放弃(U)]：@0, 100

指定下一点或 [闭合(C)/放弃(U)]：C

【例 3-3】　绘制如图 3-4 所示的图形，利用相对坐标确定点 M，利用相对极坐标确定点 N，不标尺寸，不注释文字。

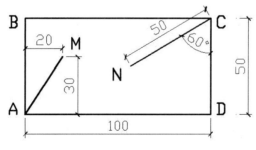

图 3-4　例 3-3 图

操作步骤如下：

打开"正交"和"对象捕捉"开关。

命令：(输入并执行直线命令)

(确定 ABCD)命令：_line 指定第一点：(用鼠标指定任意一点)

指定下一点或 [放弃(U)]：100

指定下一点或 [放弃(U)]：50

指定下一点或 [闭合(C)/放弃(U)]: <对象捕捉 开>

指定下一点或 [闭合(C)/放弃(U)]: C

(确定 M)命令: _line 指定第一点:

指定下一点或 [放弃(U)]: @20, 30

(确定 N)命令: _line 指定第一点:

指定下一点或 [放弃(U)]: @50<-150

3.1.2　构造线

【构造线】命令用于创建向两个方向无限延伸的直线(即构造线)，绘图时通常作为辅助线使用。

1. 命令

(1) "绘图"工具栏： 。

(2) 菜单栏：【绘图】→【构造线】。

(3) 命令行：Xline(或 XL)↵。

2. 操作与命令说明

运行构造线命令后命令行显示：

　　_Xline 指定点或 [水平(H)/垂直(V)/角度(A)/二等分(B)/偏移(O)]:

(1) 指定点：指定构造线通过的第一点。

(2) 指定通过点：指定构造线通过的另一点。

(3) 水平(H)：通过指定创建水平的构造线。

(4) 垂直(V)：通过指定创建垂直的构造线。

(5) 角度(A)：按指定的角度创建构造线。

(6) 二等分(B)：通过指定角的顶点创建平分该角的构造线。

(7) 偏移(O)：按指定的距离或通过某点复制构造线。

另外，在状态栏中按下【正交】按钮也可以画水平或垂直的构造线。

【例 3-4】　绘制如图 3-5 所示的四条构造线：经过点 M(1, 10)的竖直构造线 MN 和经过点 N(1, 50)的水平构造线 NP，经过点 P(61, 50)、倾角为 30°的构造线 PM，平分∠MPN 的构造线 PQ。

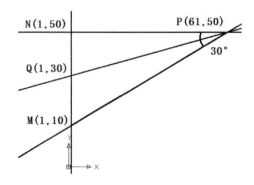

图 3-5　绘制构造线

绘图步骤如下：

　　"绘图"工具栏：在工具栏中单击"绘图"|"构造线" 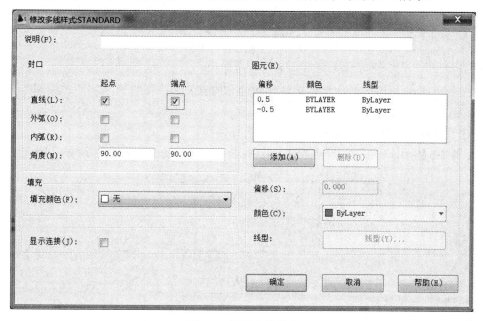按钮。

　　(确定 M)命令：_xline 指定点或 [水平(H)/垂直(V)/角度(A)/二等分(B)/偏移(O)]: v

　　指定通过点: 1, 10

　　(确定 N)命令: XLINE 指定点或 [水平(H)/垂直(V)/角度(A)/二等分(B)/偏移(O)]: h

　　指定通过点: 1, 50

　　(确定 P)命令: XLINE 指定点或 [水平(H)/垂直(V)/角度(A)/二等分(B)/偏移(O)]: a

　　输入构造线的角度(0)或 [参照(R)]: 30

　　指定通过点: 61, 50

　　(画出平分∠MPN 的构造线 PQ)命令：_xline 指定点或 [水平(H)/垂直(V)/角度(A)/二等分(B)/偏移(O)]: B

　　指定角的顶点：(捕捉点 P)

　　指定角的起点：(捕捉点 M)

　　指定角的端点：(捕捉点 N)

3.1.3　多线

　　多线是由多条(不少于两条)平行线组成的线型。在工程图中常用【多线】来画道路和平面图中的墙线等。在绘制多线前，应先设置多线的样式。

　　通过【格式】→【多线样式】→【修改】设置多线样式，如图 3-6 所示。

图 3-6　设置多线样式

1. 命令

(1) 菜单栏：【绘图】→【多线】。

(2) 命令行：Mline(Ml)。

2. 说明

执行【多线】命令后出现如下提示:

命令: _mline

当前设置: 对正 = 无, 比例 = 20.00, 样式 = STANDARD

指定起点或 [对正(J)/比例(S)/样式(ST)]:

(1) 对正(J): 确定绘制多线时的对正方式, 可设为上(T)、无(Z)、下(B)3 种, 如图 3-7 所示。

上(T): 绘制多线时, 拾取点为多线最上面的线。

无(Z): 绘制多线时, 拾取点为多线的中心线。

下(B): 绘制多线时, 拾取点为多线最下面的线。

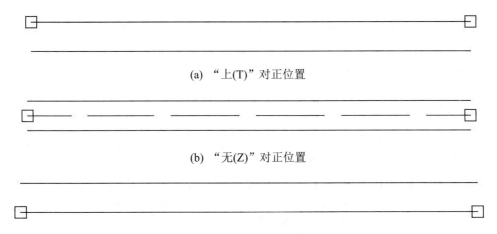

(a) "上(T)"对正位置

(b) "无(Z)"对正位置

(c) "下(B)"对正位置

图 3-7　多线对正样式

(2) 比例(S): 更改多线比例。多线比例为 n 的意义是: 指将要绘制的多线间距为定义多线时多线间距的 n 倍。

(3) 样式(ST): 从已存在的多线样式中选择多线。

【例 3-5】 用缺省多线样式"STANDARD", 绘制图 3-8 所示的多线, 不标注尺寸。

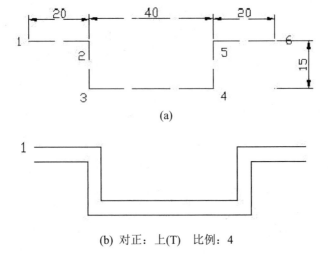

(a)

(b) 对正: 上(T)　比例: 4

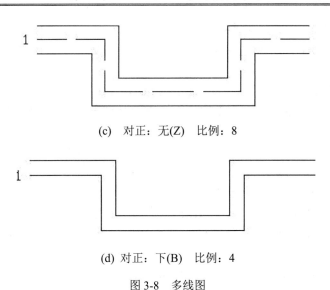

(c)　对正：无(Z)　比例：8

(d)　对正：下(B)　比例：4

图 3-8　多线图

操作步骤如下：

(1) 绘制图 3-8(b)所示的图形。

执行【多线】命令。

　　命令：_mline

　　当前设置：对正 = 上，比例 = 20.00，样式 = STANDARD

　　指定起点或 [对正(J)/比例(S)/样式(ST)]：S(更改多线比例)

　　指定起点或 [对正(J)/比例(S)/样式(ST)]：4(多线间距为定义时的 4 倍)

　　指定起点或 [对正(J)/比例(S)/样式(ST)]：(确定多线的起点，捕捉 1 点)

　　指定下一点：(捕捉 2 点)

　　指定下一点或 [放弃(U)]：(捕捉 3 点)

　　指定下一点或 [闭合(C)/放弃(U)]：(捕捉 4 点)

　　指定下一点或 [闭合(C)/放弃(U)]：(捕捉 5 点)

　　指定下一点或 [闭合(C)/放弃(U)]：(捕捉 6 点)

结果如图 3-8(b)所示。

(2) 绘制图 3-8(c)所示的图形。

　　命令：_mline

　　当前设置：对正 = 下，比例 = 4.00，样式 = STANDARD

　　指定起点或 [对正(J)/比例(S)/样式(ST)]：j(更改多线对正方式)

　　输入对正类型[上(T)/无(Z)/下(B)] <下>：z(选择"无"对正方式)

　　指定起点或 [对正(J)/比例(S)/样式(ST)]：s(更改多线比例)

　　输入多线比例<4.00>：8(多线间距为定义时的 8 倍)

　　当前设置：对正 = 无，比例 = 8.00，样式 = STANDARD

　　指定起点或 [对正(J)/比例(S)/样式(ST)]：(确定多线的起点，捕捉 1 点)

　　指定下一点：(捕捉 2 点)

　　指定下一点或 [放弃(U)]：(捕捉 3 点)

指定下一点或 [闭合(C)/放弃(U)]：(捕捉 4 点)

指定下一点或 [闭合(C)/放弃(U)]：(捕捉 5 点)

指定下一点或 [闭合(C)/放弃(U)]：(捕捉 6 点)

结果如图 3-8(c)所示。

若选择"下"对正方式，更改多线比例为 4，绘制结果如图 3-8(d)所示。

【例 3-6】 用多线绘制如图 3-9 所示的墙体和窗户，无需标注。

操作步骤如下：

(1)【格式】→【多线样式】设置 250 厚墙双线；

(2)【格式】→【多线样式】设置 250 厚窗四线；

(3)【多线】绘制墙线，注意上下墙线的对齐方式不一样；

(4)【多线】绘制窗户；

(5)【矩形】绘制柱子；

(6)【修改】→【对象】→【多线】修剪多线墙体；

(7)【多线】绘制 50 厚防火门。

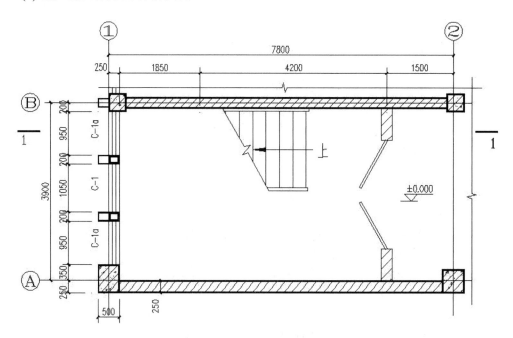

图 3-9　墙体和窗户

3.2　多段线类命令

3.2.1　多段线

　　【多段线】命令用于按给定的图线参数绘制由若干不等宽(或等宽)的直线段或圆弧连接而成的单一对象。

1. 命令

(1) "绘图"工具栏: ⇀。

(2) 菜单栏:【绘图】→【多段线】。

(3) 命令行: Pline(Pl)↵。

2. 说明

获取多段线命令后命令行显示:

　　命令: _pline

　　指定起点: (在绘图窗口内适当位置单击, 会出现以下提示信息)

　　当前线宽为 0.0000

　　指定下一个点或 [圆弧(A)/半宽(H)/长度(L)/放弃(U)/宽度(W)]: A(选择 A 后出现下面项目)

　　指定圆弧的端点或 [角度(A)/圆心(CE)/闭合(C)/方向(D)/半宽(H)/直线(L)/半径(R)/第二个点(S)/放弃(U)/宽度(W)]:

1) 绘制直线段相关选项的说明

(1) 指定下一个点: 给出直线的另一端点。

(2) 圆弧(A): 将绘制直线段方式切换为绘制圆弧方式。

(3) 半宽(H): 设置多线段一半线宽, 起点半宽度和终点半宽度可设定为不同数值。

(4) 长度(L): 设置直线段的长度。

(5) 放弃(U): 删除刚才的操作。

(6) 宽度(W): 设定多段线的宽度, 可以将起点宽度和终点宽度设定为不同数值。

(7) 闭合(C): 用直线段连接多段线的起点形成闭合的线段, 同时结束命令。

2) 绘制圆弧段相关选项的说明

(1) 指定圆弧的端点: 从上一段多段线的终点开始至拾取端点绘制圆弧, 且圆弧在该多段线的终点与之相切。

(2) 角度(A): 指定弧线段从起点开始至端点的包含角。

(3) 圆心(CE): 指定圆弧的圆心。

(4) 半径(R): 指定弧线段的半径。

(5) 闭合(C): 用弧线段连接多段线的起点形成闭合的线段, 同时结束命令。

(6) 方向(D): 指定弧线段的起始方向。

(7) 直线(L): 将绘制圆弧方式切换为绘制直线段方式。

(8) 第二个点(S): 除圆弧上的起点外, 再指定第二点和端点来绘制圆弧。

3) 其他说明

(1) 同一【多段线】命令绘出的"多段线"是一个整体, 必须用【Pedit】命令才能编辑。可用【分解】命令进行分解, 分解后线宽将失去意义, 并变为若干独立的对象。

(2) "多段线"可以设置成等宽和不等宽的图线, 常用它来画箭头、剖面符号和钢筋。

(3) "多段线"能够绘制直线段、圆弧组成的线段、折线, 可以完全闭合。

(4) 当"多段线"的宽度大于 0 时, 若要封闭多段线必须使用"闭合(C)"选项而不能用"捕捉"方法使其闭合, 否则接口处会出现"缺口"。

【例 3-7】　绘制如图 3-10 所示的多段线。

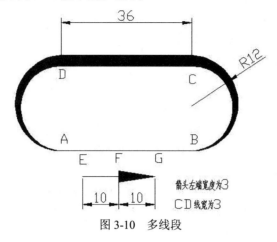

图 3-10　多线段

操作步骤如下：

"绘图"工具栏：📐。

命令：_pline

指定起点：

当前线宽为 0.0100

指定下一个点或 [圆弧(A)/半宽(H)/长度(L)/放弃(U)/宽度(W)]: w

指定起点宽度 <0.0100>: 0.01

指定端点宽度 <0.0100>: 0.01

指定下一点或 [圆弧(A)/半宽(H)/长度(L)/放弃(U)/宽度(W)]: 36

指定下一点或 [圆弧(A)/闭合(C)/半宽(H)/长度(L)/放弃(U)/宽度(W)]: w

指定起点宽度 <0.0100>:

指定端点宽度 <0.0100>: 3

指定下一点或 [圆弧(A)/闭合(C)/半宽(H)/长度(L)/放弃(U)/宽度(W)]: a

指定圆弧的端点或 [角度(A)/圆心(CE)/闭合(CL)/方向(D)/半宽(H)/直线(L)/半径(R)/第二个点(S)/放弃(U)/宽度(W)]: r

指定圆弧的半径: 12

指定圆弧的端点或 [角度(A)]: a

指定包含角: 180

指定圆弧的弦方向 <0>: 90

指定圆弧的端点或 [角度(A)/圆心(CE)/闭合(CL)/方向(D)/半宽(H)/直线(L)/半径(R)/第二个点(S)/放弃(U)/宽度(W)]: l

指定下一点或 [圆弧(A)/闭合(C)/半宽(H)/长度(L)/放弃(U)/宽度(W)]: 36

指定下一点或 [圆弧(A)/闭合(C)/半宽(H)/长度(L)/放弃(U)/宽度(W)]: w

指定起点宽度<3.0000>:

指定端点宽度<3.0000>: 0.01

指定下一点或 [圆弧(A)/闭合(C)/半宽(H)/长度(L)/放弃(U)/宽度(W)]: a

指定圆弧的端点或 [角度(A)/圆心(CE)/闭合(CL)/方向(D)/半宽(H)/直线(L)/半径(R)/第二个点

(S)/放弃(U)/宽度(W)]: r

　　　指定圆弧的半径: 12

　　　指定圆弧的端点或 [角度(A)]: a

　　　指定包含角: 180

　　　指定圆弧的弦方向 <180>: 270

　　　指定圆弧的端点或 [角度(A)/圆心(CE)/闭合(CL)/方向(D)/半宽(H)/直线(L)/半径(R)/第二个点

(S)/放弃(U)/宽度(W)]: cl

3.2.2　正多边形

　　【正多边形】可绘制内接于圆的(默认方式)正多边形、外切于圆的正多边形，还可以根据边数和边长绘制正多边形。

1. 命令

(1) "绘图" 工具栏: ⬠。

(2) 菜单栏: 【绘图】→【正多边形】。

(3) 命令行: Polygon(或 Pol)↵。

2. 说明

　　　命令: _polygon 输入边的数目<4>:

　　　直接回车可绘制正四边形，或输入正多边形的边数。连续确认后分别出现以下提示:

　　　指定正多边形的中心点或 [边(E)]:

　　　输入选项[内接于圆(I)/外切于圆(C)]<I>:

　　　外切于圆(C):

　　其中，边(E): 通过指定第一条边的两个端点定义正多边形。如图 3-11(a)所示，两端点输入的先后顺序及角度决定正多边形的位置。

　　指定圆的半径: 指定内接圆(I)半径或外切圆(C)半径。

　　【正多边形】命令所绘制的正多边形是一个整体多段线对象。

　　用 "内接于圆(I)" 和 "外切于圆(C)" 方式绘制正多边形时，圆并未画出，只是作为正多边形的参考条件而已，如图 3-11 所示。

　　【例 3-8】　用 "边(E)" 方式绘制边长为 108 的正五边形；用 "内接于圆(I)" 的方式绘制正五边形，其外接圆的半径 R = 100；用 "外切于圆(C)" 的方式绘制正五边形，其内切圆的半径 R = 100。示意图如图 3-11 所示。

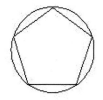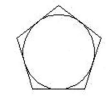

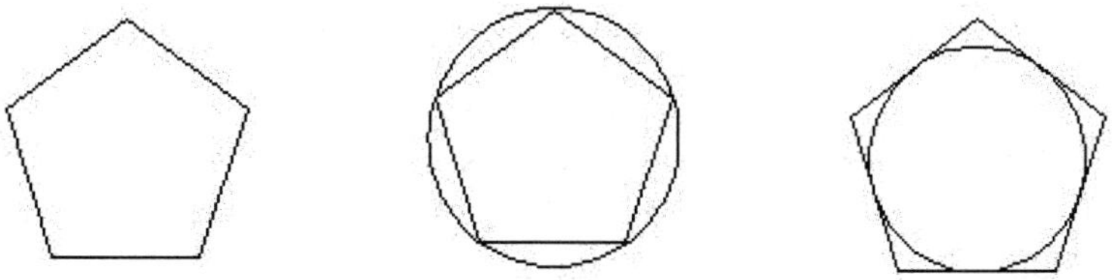

　　　(a) "边(E)" 方式　　　　　(b) "内接圆(I)" 方式　　　　(c) "外切圆(C)" 方式

图 3-11　绘制正五边形

(1) "边(E)" 方式：

　　命令：_polygon 输入边的数目<4>：5↵

　　指定正多边形的中心点或 [边(E)]：E↵

　　指定边的第一个端点：(在绘图窗口的适当位置单击，确定多边形边的第一点)

　　指定边的第二个端点：(按下【正交】按钮，向右移动鼠标，输入 108↵，或输入@108，0 ↵)

绘制结果如图 3-11(a)所示。

(2) "内接于圆(I)" 方式：

　　命令：_polygon 输入边的数目<5>：↵

　　指定正多边形的中心点或 [边(E)]：(在绘图窗口内任一点单击确定一点，作为正多边形的中心)

　　输入选项 [内接于圆(I)/外切于圆(C)]<I>：↵ (采用默认的"内接于圆(I)"方式)

　　指定圆的半径：100↵ (画出内接于圆的正多边形)

绘制结果如图 3-11(b)所示。

注意：为了便于讲解，在图中画出了一个外接圆，实际操作中 AutoCAD 并不会画出此圆。

(3) "外切于圆(C)" 方式：

　　命令：_polygon 输入边的数目<5>：↵(默认值为 5)

　　指定正多边形的中心点或 [边(E)]：(在绘图窗口内任一点单击确定一点，作为正多边形的中心)

　　执行选项 [内接于圆(I)/外切于圆(C)]<I>：C↵ (采用"外切于圆(I)"方式)

　　指定圆的半径：100↵(画出外切于圆的正多边形)

绘制结果如图 3-11(c)所示。

注意：为了便于讲解，在图中画出了一个内切圆，实际操作中 AutoCAD 并不会画出此圆。

3.2.3　矩形

【矩形】命令用指定两个对角点的方式绘制矩形，也可以绘制带有斜角或 4 个圆角的矩形。

1. 命令

(1) "绘图"工具栏：▭。

(2) 菜单栏：【绘图】→【矩形】。

(3) 命令行：rectang(rec)↵。

2. 说明

执行矩形命令后命令行显示：

矩形 REC　圆环 DO
椭圆 EL

　　命令：_rectang

　　指定第一个角点或 [倒角(C)/标高(E)/圆角(F)/厚度(T)/宽度(W)]：(确定矩形第一个角点位置)：(指定矩形的第一个角点)

　　指定另一个角点或 [面积(A)/尺寸(D)/旋转(D)]：(确定矩形的第二个角点)

上述操作结束后，AutoCAD 会以指定的两点为对角点画出一个矩形。其他选项的含义如下：

(1) 倒角(C)：绘制一个带倒角的矩形，需要指定矩形两个倒角的距离。

(2) 标高(E)：需要指定矩形的标高，也就是矩形所在平面的高度。

(3) 圆角(F)：绘制一个带圆角的矩形，需要指定矩形的圆角半径。

(4) 厚度(T)：需要指定矩形的厚度，绘制带厚度的矩形。

(5) 宽度(W)：需要指定矩形的线宽，绘制带线宽的矩形。

(6) 面积(A)：使用面积与长度或面积与宽度创建矩形。

(7) 尺寸(D)：使用长和宽创建矩形。

(8) 旋转(R)：绘制与水平方向有夹角的矩形。

注意：用【矩形】命令绘制的矩形是一个整体对象，选择矩形上的某条线段也就选中了该矩形，而用【直线】命令绘制的矩形是四个对象，需要选择矩形上的四条线段才可以选中该矩形。

【例 3-9】 绘制如图 3-12 所示的矩形，A 角点坐标为(800, 500)，B 角点坐标为(230, 200)，圆角半径 r = 50，线宽为 20，标高 E = 200，厚度 T = 60。

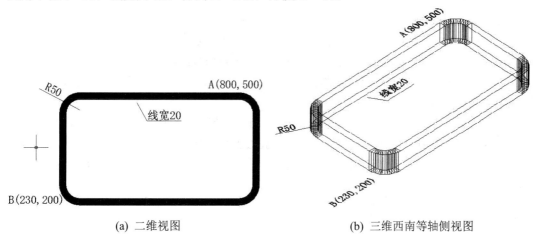

(a) 二维视图　　　　　　　　　　　　(b) 三维西南等轴侧视图

图 3-12　绘制矩形

绘图步骤如下：

命令: _rectang

指定第一个角点或 [倒角(C)/标高(E)/圆角(F)/厚度(T)/宽度(W)]: F

指定矩形的圆角半径<30.0000>: 50

指定第一个角点或 [倒角(C)/标高(E)/圆角(F)/厚度(T)/宽度(W)]: W

指定矩形的线宽<10.0000>: 20

指定第一个角点或 [倒角(C)/标高(E)/圆角(F)/厚度(T)/宽度(W)]: E

指定矩形的标高<0.0000>: 200

指定第一个角点或 [倒角(C)/标高(E)/圆角(F)/厚度(T)/宽度(W)]: T

指定矩形的厚度<0.0000>: 60

指定第一个角点或 [倒角(C)/标高(E)/圆角(F)/厚度(T)/宽度(W)]: 800, 500

指定另一个角点或 [面积(A)/尺寸(D)/旋转(R)]: 230, 200

3.3　圆弧类命令

3.3.1　圆弧

【圆弧】命令用于绘制圆弧。绘制圆弧的参数主要有起点、圆心、端点、角度、长度、方向、半径等。建筑工程制图中，圆弧命令使用频率较低。

1. 命令

(1) "绘图"工具栏：<code>/</code>。

(2) 菜单栏：【绘图】→【圆弧】→……。

(3) 命令行：Arc(A)↵。

2. 说明

(1) 圆心(C)：指定圆弧的圆心。

(2) 端点(E)：指定圆弧的端点(终点)。

(3) 方向(D)：所绘制的圆弧在起点处与指定方向相切。

(4) 角度(A)：从起点向端点按逆时针(角度为正)或顺时针(角度为负)绘制圆弧。

(5) 弦长(L)：起点与端点间的直线距离弦长为正时，以起点向端点逆时针绘制劣弧，为负时逆时针绘制优弧。

(6) 半径(R)：圆弧半径为正时以起点向端点逆时针绘制劣弧，为负时逆时针绘制优弧。

如果未指定圆弧的起点就按回车键，AutoCAD 将把当前正在绘制的直线(或圆弧)的端点作为起点，并提示指定新圆弧的端点，这样将创建与刚绘制的直线(或圆弧、多线段)相切的圆弧。

3.3.2　圆

【圆】命令用于根据已知条件绘制圆。

1. 命令

(1) "绘图"工具栏：<code>⊘</code>。

(2) 菜单栏：【绘图】→【圆】。

(3) 命令行：Circle(C)↵。

2. 说明

(1) 根据圆心，半径画圆。

命令：(输入命令)

指定圆的圆心或 [三点(3P)/两点(2P)/相切、相切、半径(T)]：(指定圆心 O)

指定圆的半径或 [直径(D)]<32>：(键入半径值或用鼠标拖动确定半径)150

绘制结果如图 3-13(a)所示。

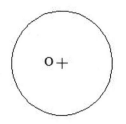
(a) 圆心为 O，半径为 150

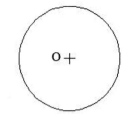
(b) 圆心为 O，直径为 300

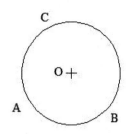
(c) 过 A、B、C 三点画圆

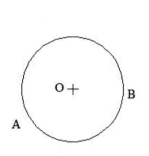
(d) 过 A、B 两点画圆

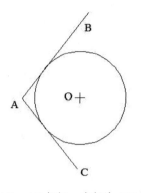
(e) 与 AB、AC 相切，半径为 150 的圆

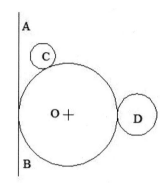
(f) 与 AB、圆 C、圆 D 相切的圆

图 3-13　六种画圆方式

(2) 根据圆心，直径画圆。

　　命令：(输入命令)

　　指定圆的圆心或 [三点(3P)/两点(2P)/相切、相切、半径(T)]：(指定圆心 O)

　　指定圆的半径或 [直径(D)]：D (或右键弹出快捷菜单并选择"直径")

　　指定圆的直径<50>：300

绘制结果如图 3-13(b)所示。

(3) 三点方式画图。

　　命令：(输入命令)

　　指定圆的圆心或 [三点(3P)/两点(2P)/相切、相切、半径(T)]：3P (或右键弹出快捷菜单并选择"三点")

　　指定圆的第一点：(输入第一点的坐标或捕捉第一点 A)

　　指定圆的第二点：(输入第二点的坐标或捕捉第二点 B)

　　指定圆的第三点：(输入第三点的坐标或捕捉第三点 C)

绘制结果如图 3-13(c)所示。

(4) 两点方式绘图。

　　命令：(输入命令)

　　指定圆的圆心或 [三点(3P)/两点(2P)/相切、相切、半径(T)]：2P (或右键弹出快捷单并选择"两点")

　　指定圆的第一点：(输入第一点的坐标或捕捉第一点 A)

　　指定圆的第二点：(输入第二点的坐标或捕捉第二点 B)

绘制结果如图 3-13(d)所示。

(5) 相切、相切、半径方式画圆。

命令：(输入命令)

指定圆的圆心或 [三点(3P)/两点(2P)/相切、相切、半径(T)]：T (或右键弹出快捷菜单并选择"相切、相切、半径")

在对象上指定一点作圆的第一条切线：(指定第一个相切对象：单击 AB)

在对象上指定一点作圆的第二条切线：(指定第二个相切对象：单击 AC)

指定圆的半径：150 (输入公切圆半径)

绘制结果如图 3-13(e)所示。

(6) 相切、相切、相切方式画圆。

下拉菜单：【绘图】→【圆】→【相切、相切、相切】

命令：_circle

指定圆的圆心或 [三点(3P)/两点(2P)/相切、相切、半径(T)]：_3P

指定圆上的第一点：_tan 到(单击第一个要相切的对象 AB)

指定圆上的第二点：_tan 到(单击第二个要相切的对圆 C)

指定圆上的第三点：_tan 到(单击第三个要相切的对象圆 D)

绘制结果如图 3-13(f)所示。

3. 注意

(1) 用圆命令绘制的是没有宽度的单线圆，有宽度的圆可用圆环命令绘制。

(2) 圆是一个整体，不能用【分解】、【pedit】(编辑多线段)命令进行编辑。

【例 3-10】 使用圆、阵列命令绘制图 3-14。

(1) 绘制半径为 21 的圆。

命令：_circle

指定圆的圆心或 [三点(3P)/两点(2P)/切点、切点、半径(T)]：(指定一点作为圆心)

指定圆的半径或 [直径(D)]：21

(2) 从圆心绘制 1 条水平辅助线，并阵列 8 条。

命令：_line

指定第一个点：<正交 开>(捕捉圆心作为第一点)

指定下一点或 [放弃(U)]：(指定任意点成水平辅助线)

命令：_arraypolar

选择对象：找到 1 个

指定阵列的中心点或 [基点(B)/旋转轴(A)]：(圆心)

选择夹点以编辑阵列或 [关联(AS)/基点(B)/项目(I)/项目间角度(A)/填充角度(F)/行(ROW)/层(L)/旋转项目(ROT)/退出(X)] <退出>：i

输入阵列中的项目数或 [表达式(E)] <6>：8

(3) 用三相切绘制小圆。

命令：_circle

指定圆的圆心或 [三点(3P)/两点(2P)/切点、切点、半径(T)]：_3p

指定圆上的第一个点：_tan 到

指定圆上的第二个点: _tan 到

指定圆上的第三个点: _tan 到

(4) 阵列 8 个小圆，标注，完成绘制。

命令: _arraypolar

选择对象: 找到 1 个

指定阵列的中心点或 [基点(B)/旋转轴(A)]: (指定中心点)

选择夹点以编辑阵列或 [关联(AS)/基点(B)/项目(I)/项目间角度(A)/填充角度(F)/行(ROW)/层(L)/旋转项目(ROT)/退出(X)] <退出>: i

输入阵列中的项目数或 [表达式(E)] <6>: 8

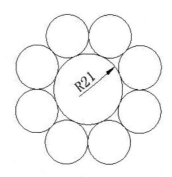

图 3-14　八圆环形阵列

3.3.3　样条曲线

样条曲线是指通过一系列给定点拟合绘制一条光滑曲线，如图 3-15 所示。

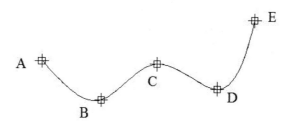

图 3-15　绘制曲线

1. 功能

通过给定点绘制光滑的曲线，可以通过指定点来创建样条曲线，也可以封闭样条曲线，使起点和端点重合。

2. 命令

(1) "绘图"工具栏: 〜。

(2) 命令行: Spline(Spl)↵。

【例 3-11】　通过图 3-15 所示的 A、B、C、D、E 各点绘制样条曲线。

操作步骤如下:

【绘图】工具栏: 〜

命令：_spline

指定第一个点或 [对象(O)]：(捕捉 A 点)

指定下一点：(捕捉 B 点)

指定下一点或 [闭合(C)/拟合公差(F)] <起点切向>：(捕捉 C 点)

指定下一点或 [闭合(C)/拟合公差(F)] <起点切向>：(捕捉 D 点)

指定下一点或 [闭合(C)/拟合公差(F)] <起点切向>：(捕捉 E 点)

指定下一点或 [闭合(C)/拟合公差(F)] <起点切向>：(光标回到 A 点)

指定起点切向：(移动鼠标可改变起点的切线方向及曲线的形状，合适后回车)

指定端点切向：(移动鼠标可改变终点的切线方向及曲线的形状，合适后回车)

3.3.4 椭圆

【椭圆】命令用于绘制椭圆或椭圆弧，在工程图中常用来绘制小的物品，如洗手盆、坐便器、装饰图案及圆的透视图等。AutoCAD 提供了"轴端点"方式、"椭圆中心点"方式和"旋转"方式等 3 种画椭圆的方式。图 3-16 所示的是【椭圆】菜单及其选项。

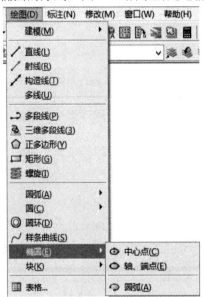

图 3-16 　【椭圆】菜单及其选项

1. 命令

(1) "绘图"工具栏：⬮。

(2) 菜单栏：【绘图】→【椭圆】→子菜单。

(3) 命令行：Ellipse(El)↵。

2. 说明

(1) 轴端点方式(缺省方式)。该方式用定义椭圆与两轴的三个交点(即轴端点)画一个椭圆。

命令：(输入命令)

指定椭圆的轴端点或 [圆弧(A)/中心点(C)]：(指定第 1 点)

指定轴的另一个端点：(指定该轴上第 2 点)

指定另一条半轴长度或 [旋转(R)]：(指定第 3 点确定另一半轴长度)

绘图结果如图 3-17(a)所示。

(2) 椭圆中心方式。该方式用定义椭圆中心、椭圆与两轴的各一个交点(即两半轴长)画一个椭圆。

命令：(输入命令)

指定椭圆的轴端点或 [圆弧(A)/中心点(C)]：C (选择椭圆中心方式)

指定椭圆的中心点：(指定椭圆的中心点 O)

指定轴的端点：(指定轴端点"1"或其半轴长度)

指定另一条半轴长度或 [旋转(R)]：(指定轴端点"2"或其半轴长度)

绘图结果如图 3-17(b)所示。

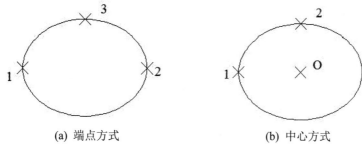

(a) 端点方式　　　　　　　　　　(b) 中心方式

图 3-17　绘制椭圆的两种方式

注意：【椭圆】命令绘制的椭圆是一个整体，不能用【分解】命令、【pedit】(编辑多线段)命令进行编辑。

3.4　插入块等命令

3.4.1　插入块

块(Block)，也叫圆块是以一个名字标识多个单一对象为一组对象的编辑方法，这组对象可以被放置于图中任意位置，并且可以按照指定的要求进行比例调整和旋转等操作。图块被当作单一对象处理，可以被移动或删除。

多行文字 T 定义块 B
块插入 I 定义块文件 W

1. 命令

(1) "绘图"工具栏：⊡。

(2) 菜单栏：【绘图】→块。

(3) 命令行：Block↵。

2. 说明

CAD 作图最有价值的功能之一就是它能对图的某一部分进行反复使用，在这方面图块要比反复拷贝有效得多，拷贝中，每次使用 Copy 命令时它都产生一个完整的备份，而图块只产生一个备份，减少了图文件的大小，并缩短了显示时间。

AutoCAD 中提供了对图块及详细信息进行存储的命令，这些命令有 Block、WBlock 和 Insert。Block 和 WBlock 命令是用来创建和存储图块的，Insert 命令用来把这些图块插入到图中的。下面，让我们来看看怎样使用 Block 和 Insert 命令。

在"命令："提示下，输入 Block，并按回车键，显示 Block Definition(图块定义)对话框。如图 3-18 所示。

图 3-18　"块定义"对话框

1) "块定义"对话框

对话框要求提供一些信息和选择项。

(1) 名称：必须给图块取名，块名称是一个长度从 1～255 个字符的单词。AutoCAD 把图块存储在产生该图块的图中。

图块名列表：如果需要查看图形中已经定义的图块的名字，单击"名称"域的下箭头，AutoCAD 就会显示当前图中的图块名。前面带"*"号的图块名代表的是由 AutoCAD 创建的图块，也叫匿名图块。

(2) 基点：指定块的插入基点，以便 AutoCAD 知道应以哪个点为基准放置图块。插入方法是直接输入基点的 X、Y、Z 坐标，或单击"拾取点"前按钮，暂时关闭对话框在当前图形中拾取插入的基点，完成选择后，对话框会重新出现，AutoCAD 会自动赋予 X、Y、Z 值。

(3) 对象：指定新块中要包含的对象，以及创建块之后如何处理这些对象，是保留还是删除选定的对象还是将它们转换成块实例。

转换为块：创建块以后，将选定对象转换成图形中的块实例。

删除：创建块以后，从图形中删除选定的对象。

(4) 设置：对指定的块进行设置。

块单位：AutoCAD 中默认块的单位为当前图形的单位，也可以"块单位"下选择另一单位。

按统一比例缩放：指定是否阻止块参照统一比例缩放。

允许分解：指定块是否可以被分解。

(5) 说明：指定块的文字说明。

(6) 超链接：打开"插入超链接"对话框，可以使用该对话框将某个超链接与块相关联。

2）插入块

使用以下任一种方法插入块：

· 在【绘图】工具栏中，单击按钮。

· 【插入】下拉菜单中，选择【块】命令。

· 在"命令:"提示下，输入 Insert，并按回车键，AutoCAD 将显示"插入"对话框，如图 3-19 所示。

图 3-19　"插入"对话框

(1) 插入图块。一个预定义的图块有两种方式插入：第一种方式是在【名称】域内输入图块名；第二种方式是单击【名称】域的下拉箭头显示图块名列表，并从中选择要插入的图块名。

(2) 插入图文件。在当前图中插入整幅图的方式与插入图块的方式相同，可以在紧挨着【浏览】按钮的文本框中输入图文件名，也可以单击【浏览】按钮打开【选择图文件】对话框，然后从对话框的列表中挑选图文件插入。

(3) 插入点。插入点是图块插入时的参考点。当标识图块的基点时，就要将基点选择图块将要插入的参考点上，以使图块插入图形后插入点和基点保持一致。为了精确放置图块的位置，应使用对象捕捉。也可以在对话框中输入坐标值或选中【在屏幕上指定】选项来确定图块在图中的插入位置。

(4) 缩放比例。比例因子和旋转角度可以预先设置，也可以在插入的时候输入。如果是预先设置，就不要选中【在屏幕上设定】复选框，当选择该复选框时，比例因子应在插入图块时设定，同时比例因子区域变成灰色。AutoCAD 默认单位比例因子为图块的缺省值，如果想按不同的比例插入图块可以改变比例因子。X 和 Y 方向的比例可以相同，也可以不同，可以为正，也可以为负。

(5) 旋转。插入图块的角度被指定成当前图形插入后的角度，这个角度是相对于绘制该图块时的初始方向而言的。选择【在屏幕上指定】选项可以输入某一点来说明想要的角度大小，这一点将在提示插入点之后立即显示，移动十字光标，一条橡皮带生成线就会在先前设置的插入点和十字光标之间显示，不断移动光标直到橡皮带线表示的角度符合要求为止。角度点和插入点间的距离无关紧要，但它们的角度决定了图块插入的角度。

(6) 分解。可以指定图块或图形文件自动炸开(即分解)。方法是选中图 3-19 "插入"对话框左下角【分解】复选框，单击【确定】后图块会分解。这时，只能对炸开的图块指定唯一的比例因子(在 X、Y、Z 方向都适用)。

3) 块的使用优点

绘图时使用图块有以下几个明显的优点：

(1) 建立库概念。多个图块组成的整个库能被重复使用。

(2) 节省时间。使用图块和嵌套式图块(放在其他图块中的图块)是以一些"碎片"建造大型图非常好的方法。

(3) 节约空间。几个重复的图块只需要存储一组实体的信息，而不是多组实体的信息，因此，所占用的空间要比同一个实体的多个复制少得多。块的每一个实例都可以当作实体的参考(图块参考)，图块越大，节约的空间就越多，这在某个图块多次出现时效果尤其明显。

【例 3-12】 绘制图 3-20 所示的洗手池，并创建为块"洗手池"。无需标注。

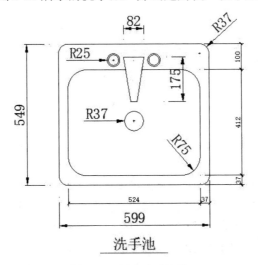

洗手池

图 3-20　创建洗手池块

操作步骤如下：

菜单栏：【绘图】→【矩形】

(1) 绘制边长为 599 × 549 的外部矩形。

命令：_rectang

指定第一个角点或 [倒角(C)/标高(E)/圆角(F)/厚度(T)/宽度(W)]: (指定第一个角点)

指定另一个角点或 [面积(A)/尺寸(D)/旋转(R)]: d

指定矩形的长度 <524.0000>: 599

指定矩形的宽度 <412.0000>: 549

指定另一个角点或 [面积(A)/尺寸(D)/旋转(R)]: (选择另一点以确定矩形位置)

line□

　　指定第一个点: (捕捉选择已画出的矩形框的左下角)

　　指定下一点或 [放弃(U)]: @-37, 37□

(2) 绘制边长为 524 × 412 内部矩形。

　　命令: _rectang

　　指定第一个角点或 [倒角(C)/标高(E)/圆角(F)/厚度(T)/宽度(W)]:

　　指定另一个角点或 [面积(A)/尺寸(D)/旋转(R)]: d

　　指定矩形的长度 <599.0000>: 524

　　指定矩形的宽度 <549.0000>: 412

　　指定另一个角点或 [面积(A)/尺寸(D)/旋转(R)]: (指定另一点使矩形到合适位置)

(3) 绘制排水口。

　　命令: _circle

　　指定圆的圆心或 [三点(3P)/两点(2P)/切点、切点、半径(T)]: (选择第二个矩形的中心)

　　指定圆的半径或 [直径(D)] <50.0000>: 37

(4) 绘制水龙头。

　　命令: _line

　　指定第一个点: (选择合适的点)

　　指定下一点或 [放弃(U)]: @10, 175

　　指定下一点或 [退出(E)/放弃(U)]:

　　命令: line

　　指定第一个点: (选择上一斜线的上端点)

　　指定下一点或 [放弃(U)]: 41

　　命令: _line

　　指定第一个点: (选择上一斜线的下端点)

　　指定下一点或 [放弃(U)]: 10

　　指定下一点或 [关闭(C)/退出(X)/放弃(U)]:

　　命令: _circle

　　指定圆的圆心或 [三点(3P)/两点(2P)/切点、切点、半径(T)]: (选择合适的点为圆心)

　　指定圆的半径或 [直径(D)] <37.0000>: 25

　　命令: _offset

　　当前设置: 删除源 = 否　图层 = 源　OFFSETGAPTYPE = 0

　　指定偏移距离或 [通过(T)/删除(E)/图层(L)] <通过>: 5

　　选择要偏移的对象，或 [退出(E)/放弃(U)] <退出>: (选择要偏移的对象)

　　指定要偏移的那一侧上的点，或 [退出(E)/多个(M)/放弃(U)] <退出>: (选择任意符合要求的点)

　　命令: _mirror

　　选择对象: 指定对角点: 找到 2 个

　　选择对象：指定镜像线的第一点:

　　指定镜像线的第二点:

　　要删除源对象吗? [是(Y)/否(N)] <否>: N

(5) 洗手池倒圆角 75 和 37。

命令：_fillet

当前设置：模式 = 修剪，半径 = 0.0000

选择第一个对象或 [放弃(U)/多段线(P)/半径(R)/修剪(T)/多个(M)]: r 指定圆角半径 <0.0000>: 75

选择第一个对象或 [放弃(U)/多段线(P)/半径(R)/修剪(T)/多个(M)]: (选择圆角所接矩形)

选择第二个对象，或按住 Shift 键选择对象以应用角点或 [半径(R)]: (选择圆角所接矩形的另一条边)

命令：_fillet

当前设置：模式 = 修剪，半径 = 0.0000

选择第一个对象或 [放弃(U)/多段线(P)/半径(R)/修剪(T)/多个(M)]: r

指定圆角半径<0.0000>: 37

选择第一个对象或 [放弃(U)/多段线(P)/半径(R)/修剪(T)/多个(M)]: (选择圆角所接矩形的第一条边)

选择第二个对象，或按住 Shift 键选择对象以应用角点或 [半径(R)]: (选择圆角所接矩形的另一条边)

(6) 创建块"洗手池"。

命令：_block

窗口(W) 套索：按空格键可循环浏览选项找到 1 个

选择对象：指定对角点：找到 14 个(1 个重复)，总计 14 个

选择对象：指定插入基点：(如图 3-21 所示)

已删除 24 个约束

自动保存到 C:\Users\lenovo\AppData\Local\Temp\洗手盆.sv$ ...

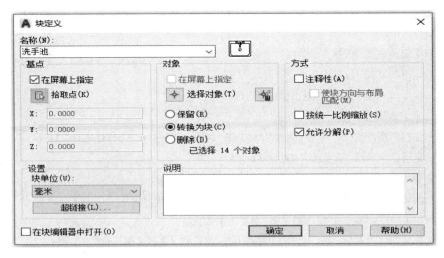

图 3-21　插入基点

3.4.2　点

1. 绘制单点或多点

【点】命令用于绘制点。

1) 命令

(1) "绘制"工具栏：　。

(2) 【绘图】菜单栏：【点】→【单点】或【多点】。

(3) 命令行：Point(Po)↵。

2) 说明

(1) 改变点样式。一般通过菜单栏(也可以通过系统变量 Pdmode 改变点样式)：选择【格式】→【点样式】后，会弹出"点样式"对话框，如图 3-22 所示。

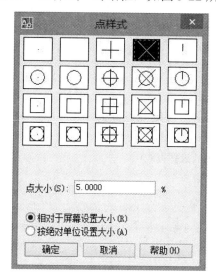

图 3-22　"点样式"对话框

选取对话框内的所列样式即可改变点的形状。通过"点大小(S)"文本框可定义点的大小。"相对于屏幕设置大小(R)"指按屏幕尺寸的百分比设置点相对于屏幕的大小，点的大小不随缩放改变。"按绝对单位设置大小(A)"指按实际单位设置点显示的大小，点的大小随屏幕缩放改变。

(2) 绘制单点：一次只绘制一个点，绘制出点后即结束【点】命令，其样式和大小默认前一次操作的参数值。

(3) 绘制多点：可连续绘制多个点，直至按回车结束【点】命令。

2. 定数等分

【定数等分】命令用于在指定对象上按给定的数目等间距地定出等分点，并在等分点处放置点符号或块。

1) 命令

(1) 菜单栏：【绘图】→【点】→【定数等分】。

(2) 命令行：Divide(或 Div)↵。

2) 说明

(1) 执行线段数目：沿指定对象等间距等分线段的份数。

(2) 块(B)：沿指定对象等间距放置块。

(3) 定数等分的对象可以是直线、圆、圆弧、椭圆、椭圆弧、多短线和样条曲线。

(4) 定数等分的等分点，是沿对象的长度或周长放置的点对象或块。

(5) 等分点处没有被断开，可用 Node(节点)捕捉模式捕捉各等分点。

【例 3-13】 如图 3-23 所示，将一条长 300 的线 5 等分，并用点(点样式为⊕)标记出来。

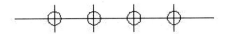

(a) 定数等分前　　　　　　　　　　(b) 定数等分后

图 3-23　点定数等分的对象

操作步骤如下：

将点样式更改为⊕。

菜单栏：【绘图】→【点】→【定数等分】。

　　命令：_divide

　　选择要定数等分的对象：(选择直线)

　　输入线段数目或 [块(B)]：5

3. 定距等分

【定距等分】命令用于在对象上从靠近拾取点的端点开始，按指定间隔定出等分点，并放置点符号或块。

1) 命令

(1) 菜单栏：【绘图】→【点】→【定距等分】。

(2) 命令行：Measure(Me)↵。

2) 说明

(1) 直线的定距等分从距离拾取点最近的端点开始。

(2) 闭合多线段的定距等分从绘制该对象时的初始点开始。

(3) 圆的定距等分从圆周 0°点开始并按逆时针方向等分。

【例 3-14】 如图 3-24 所示，将一条长 300 的线以每段 60 进行等分，并用点(点样式为⊕)标记出来。

(a) 定距等分前　　　(b) 定距等分后(拾取左侧)　　　(c) 定距等分后(拾取右侧)

图 3-24　点定距等分对象

操作步骤如下：

将点样式更改为⊕。

【绘图】菜单栏：【点】→【定距等分】。

　　命令：_measure

选择定距等分的对象：(选择直线)

指定线段长度或 [块(B)]：60

结果如图 3-24(b)所示。

注意：在定距等分中，光标拾取点决定着等分的开始和结果，定距等分从靠近光标拾取点的一端开始等分对象。

3.4.3 图案填充

使用指定图案填充图形的指定区域，常用于表达剖面图中的剖面线和不同类型物体的外观纹理。

1. 命令

(1) "绘图"工具栏：▨ 。

(2) 菜单栏：【绘图】→【图案填充】。

(3) 命令行：Bhatch(Bh)↵。

2. 说明

执行【图案填充】命令后，AutoCAD 弹出"图案填充和渐变色"对话框，如图 3-25 所示。

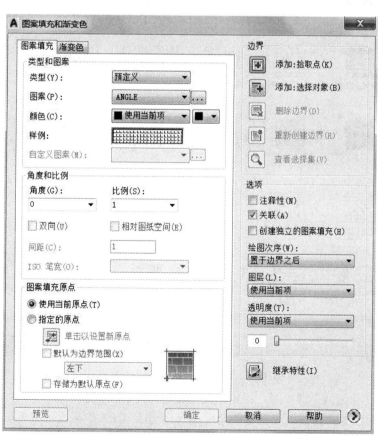

图 3-25 "图案填充和渐变色"对话框

下面介绍对话框的主要内容:

(1) "类型和图案"选项组:"类型(Y)"用于设置图案类型。"图案(P)"用于填充图案。

① 类型下拉列表框:用于设置图案的类型。

"预定义"图案是 AutoCAD 提供的标准图案,这些图案存储在图形文件 acad.pat 和 acadiso.pat 文件中。

"用户定义"图案是由一组平行线或相互垂直的两组平行线组成的,其线型采用图形中当前线型。

"自定义"图案表示将使用在自定义图案文件中定义的图案。

② 图案下拉列表框:用于设置填充图案的样式,下拉列表中列出了有效的预定义图案,供用户选择,只有在"类型"下拉列表中选择了"预定义"时,"图案"下拉框才有效。用户可以直接单击"样例"窗口,也可以单击列表框右侧的按钮,或者通过下拉列表,从弹出的"填充图案选项板"对话框(图 3-26)中选择图案。

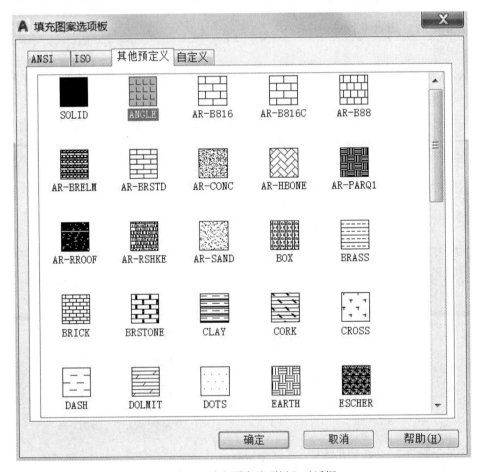

图 3-26　"填充图案选项板"对话框

(2) "角度和比例"选项组:指定填充图案的角度和比例。

① 角度组合框:指定填充图案的角度(相对于当前 UCS 坐标系的 X 轴)。

② 比例组合框:指定填充图案时的图案比例值,即放大或缩小预定义或自定义的图

案。用户可以直接输入比例值，也可以从对应的下拉列表中选择。

③ "间距"文本框、"双向"复选框：当图案填充类型采用"用户定义"时，可以通过"间距"文本框设置填充平行线之间的距离；通过"双向"复选框确定填充线是一组平行线，还是相互垂直的两组平行线(选中复选框为相互垂直的两组平行线，否则为一组平行线)。

④ "相对图纸空间"复选框：即相对于图纸空间单位缩放填充图案。使用此选项，可以很容易地让填充图案以适合于布局的比例显示，该选项仅适用于布局。

⑤ ISO 笔宽：基于选定笔宽缩放 ISO 预定义图案，只有将"类型"设置为"预定义"，并将"图案"设置为可用的 ISO 图案的一种，此选项才可用。

(3) "图案填充原点"选项组：此选项组用于确定生成填充图案时的起始位置，因为某些图案填充(例如砖块图案)需要与图案填充边界上的一点对齐。该选项组中，"使用当前原点"表示将使用储存在系统变量 Hporiginmode 中的设置来确定原点，其默认设置为(0,0)。"指定的原点"表示将指定新的图案填充原点，用户可根据具体情况选择。

(4) "边界"选项组：确定填充边界。

① 【添加：拾取点】按钮：根据围绕指定点的封闭区域或围成封闭区域的对象来确定边界。单击该按钮，AutoCAD 将临时切换到绘图屏幕，并提示：

　　　　拾取内部点或 [选择对象(S)/删除边界(B)]:

此时在希望填充的区域内任意拾取一点，AutoCAD 会自动确定出包围该点的封闭填充边界，同时以虚线形式显示这些边界(如果设置了允许间隙，实际的填充边界则可以不封闭)。指定了填充边界后，AutoCAD 返回到"图案填充和渐变色"对话框。

在"拾取内部点或 [选择对象(S)/删除边界(B)]:"提示下，还可以通过输入 S 来选择作为填充边界的对象，通过输入 B 来取消已选择的填充边界。

② 【添加：选择对象】按钮：根据构成封闭区域的选定对象来确定边界。操作同上。

③ 【删除边界】按钮：从已确定的填充边界中取消某些边界对象。单击该按钮，AutoCAD 将临时切换到绘图屏幕，并提示：

　　　　选择对象或 [添加边界(B)]: (选择要删除的对象)

若输入 B，可根据提示重新确定新边界。填充边界后，AutoCAD 返回"图案填充和渐变色"对话框。

④ 【重新创建边界】按钮：围绕选定的填充图案或填充对象创建多段线或面域，并使其与填充的图案对象相关联(可选)。单击该按钮，AutoCAD 将临时切换到绘图屏幕，并提示：

　　　　输入边界对象类型[面域(R)多段线(P)]<当前>:

从提示中执行某一选项后，AutoCAD 继续提示：

　　　　要重新关联图案填充与新边界？ [是(Y)否(N)]:

询问用户是否将新边界与填充的图案建立关联，可根据具体情况进行选择。

⑤ 【查看选择集】按钮：查看所选择的填充边界。单击该按钮，AutoCAD 将切换到绘图屏幕，将已选择的填充边界以虚线形式显示，同时提示：

　　　　<按 enter 或单击鼠标右键返回到对话框>:

单击鼠标右键响应此提示后，AutoCAD 返回到"图案填充和渐变色"对话框。

(5)"选项"选项组：此选项组用于控制几个常用的图案填充设置。

① "注释性"复选框：确定所填充的图案是否为注释性图案。

② "关联"复选框：确定所填充的图案与填充边界是否建立关联关系。一旦建立了关联，当通过编辑命令修改填充边界时，对应的填充图案也会更新该选项判断。

③ "创建独立的图案填充"复选框：当指定了几个独立的闭合边界时，可通过此选项来设置是通过它们创建单一的图案填充对象(即各个填充区域的填充图案属于一个对象)，还是创建多个图案填充对象。

④ "绘图次序"下拉列表框：为填充图案提供绘图次序。填充图案可以在所有其他对象之后、所有其他对象之前、图案填充边界之后或图案填充边界之前等。

"图案填充和渐变色"对话框中还有其他选项按钮，如【继承特性】、【孤岛】、【渐变色】和【边界保留】等，这些在绘制建筑工程图中应用极少，不再具体描述。

【例3-15】　在一个边长分别为500和350的矩形中，设置填充线角度为30°，比例为2，而后修改矩形内的图案填充，将其比例修改为10。

操作步骤如下：

(1) 执行【矩形】命令。

命令：_rectang

指定第一个角点或 [倒角(C)/标高(E)/圆角(F)/厚度(T)/宽度(W)]：0, 0

指定另一个角点或 [面积(A)/尺寸(D)/旋转(R)]：@500, 350

(2) 在"绘图"工具栏单击图案填充按钮，弹出"图案填充和渐变色"对话框(如图3-28所示)。

(3) 在图3-26所示的"填充图案选项板"对话框中，选择"ANSI33"。

(4) 设置角度为30°，比例为2。

(5) 鼠标在矩形内单击，返回"图案填充和渐变色"对话框，单击【确定】按钮，填充效果如图3-27(a)所示。

(6) 用鼠标左键双击3-27(a)所示的图案，弹出图3-28所示的"图案填充和渐变色"对话框，将图案的"比例"由"2"修改为"10"。

(7) 单击【确定】按钮，图案填充效果如图3-27(b)所示。

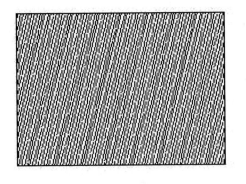

(a) 填充比例 = 2

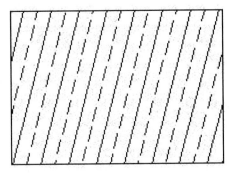

(b) 填充比例 = 10

图3-27　图案填充与编辑

图 3-28　"图案填充和渐变色"对话框

【例 3-16】　按照图 3-29 所示要求，对图元进行图案填充。

操作步骤如下：

绘制楼板、保温层等图元。

菜单栏：【绘图】→【图案填充】，选择样例对图元进行填充。

修改"比例"，达到填充合适效果。

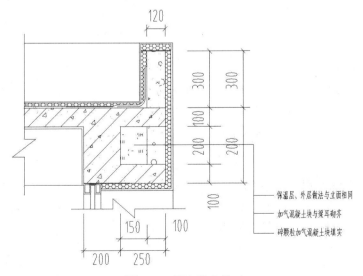

图 3-29　图案填充练习

3.4.4　文字

在工程图样中除了图形对象外，还要有必要的文字，如说明、技术要求以及标题栏等，文字在工程图样中起着非常重要的作用。AutoCAD 提供了强大的文字输入和编辑功能，支持包括 TreeType 在内的多种字体，用户可以用不同的字体、字形、颜色、大小和排列方式等进行文字标注。本节将介绍如何利用 AutoCAD 进行文字的标注和编辑。

1. 文字样式的创建与修改

【文字样式】用于定义和管理文字样式。

1）命令

(1) "文字"工具栏：**A⁄**。

(2) 菜单栏：【格式】→【文字样式】。

(3) 命令行：Style。

2）说明

执行【文字样式】命令后，将弹出"文字样式"对话框，如图 3-30 所示。在"文字样式"对话框中，可以使用 AutoCAD 提供的符合国家制图标准的长仿宋矢量字体。具体方法为选中"使用大字体"复选框，然后在"大字体"下拉列表框中选取"gbcbig.shx"，宽度比例为 0.7。

图 3-30　"文字样式"对话框

2. 创建单行文字

【单行文字】命令用于动态注写单行文字，并用方框显示下一个文字的位置。书写完一行文字后按回车键，可继续输入另一行文字。利用此功能可创建书写多行文字，每一行文字为一个对象，可以单独对其进行编辑修改。

1）命令

(1) "文字"工具栏：**AⅠ**。

(2) 菜单栏：【绘图】→【文字】→【单行文字】。

(3) 命令行输入：Text 或 DText。

2) 说明

执行【单行文字】命令后，出现如下提示：

　　命令：dtext

　　当前文字样式："仿宋 3.5"文字高度: 3.5000 注释性：否

　　指定文字的起点或 [对正(J)/样式(S)]: (单击一点作为文本的起始点)

　　指定高度<3.5000>：(确定字符的高度)

　　指定文字的旋转角度<0>：(确定文本行的倾斜角度)

输入一行文字后，在另一点单击可继续输入下一行文字。

【例 3-17】　运用【单行文字】命令创建"欢迎使用《建筑工程 AutoCAD》"(样式名：仿宋 3.5，字高：3.5，宽度比例：0.7)。

操作步骤如下：

执行【单行文字】命令后，出现如下提示：

　　命令：dtext

　　当前文字样式："仿宋 3.5"文字高度: 3.5000 注释性: 否

　　指定文字的起点或 [对正(J)/样式(S)]: (单击一点作为文本的起始点)

　　指定高度<3.5000>:

　　指定文字的旋转角度<0>:

出现单行文字动态输入区，输入文字"欢迎使用《建筑与土木工程 AutoCAD》"，如图 3-31 所示。

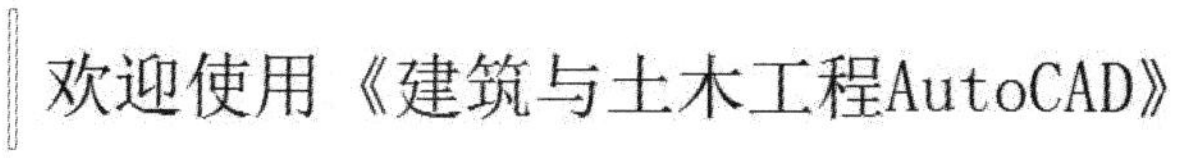

欢迎使用《建筑与土木工程AutoCAD》

图 3-31　单行文字输入

3. 创建多行文字

【多行文字】命令(Mtext)允许用户使用在位文字编辑器(又称多行文本编辑器)创建多行文本，与【单行文字】命令(Text)创建的多行文本不同的是，前者所有文本形成一个对象，可以作为一个整体进行移动、复制、旋转、镜像等编辑操作，而后者只能以行为单位进行。多行文本编辑器与 Windows 的文字处理程序相似，可以灵活方便地输入文字，不同的文字可以采用不同的字体和文字样式，而且支持 TrueType 字体及扩展的字符格式(如粗体、斜体、下划线等)和特殊字符，并可实现堆叠效果(用于标注文字的上标、下标、分数和公差等)以及查找和替换等功能。多行文本的宽度由用户在屏幕上确定的矩形框来确定(也可在多行文本编辑器中精确设置多行文本的宽度)，文字书写到该宽度后会自动换行，如图 3-32 所示是一个多行文本对象(共 3 行)，各行采用了不同的字体。

利用多行文本编辑器可以控制段落的宽度、对正方式等，允许段落内的文字采用不同样式、不同高度、不同颜色和排列方式。在进行对象选择时，整个多行文字作为一个对象被选中。

AutoCAD　　　　　　(*Times New Roman* 3.5号字　斜体)
AutoCAD　　(宋体3.5号字) AutoCAD (仿宋体3.5号字)

西安电子科技大学出版社（黑体 5号字）

图 3-32　多行文本

1) 命令

(1) "绘图"工具栏：**A**。

(2) 菜单栏：【绘图】→【文字】→【多行文字】。

(3) 命令行：Mtext(Mt)↵。

2) 说明

执行【多行文字】命令后，出现如下提示：

命令：mtext

当前文字样式：Standard 文字高度：2.5 注释性：否

指定第一角点：(指定矩形框的第一个角点)

指定对角点或 [高度(H)/对正(J)/行距(L)/旋转(R)/样式(S)/宽度(W)/栏(C)]: (指定矩形框的另一个角点)

指定矩形框的另一个角点后，弹出如图 3-33 所示的"文字格式"工具栏和下面的多行文字编辑器。此时在多行文字编辑器下方的文本框内有一"I"形箭头表示文字的扩展方向。用户可以调整输入框的大小，也可以设置文字的各种参数。

欢迎使用《建筑与土木工程AutoCAD》

图 3-33　"文字格式"工具栏与多行文字编辑器

下面介绍文字编辑器中主要项的功能：

(1) 样式下拉列表：用于设定多行文字的文字样式。用户可以通过列表选用标注样式或更改在编辑器中所输入文字的样式。

(2) 字体下拉列表框：为新输入的文字指定字体或改变选定文字的字体。

(3) 【注释性】按钮：确定标注的文字是否为注释性文字。

(4) 文字高度组合框：设置或更改文字高度。用户可以直接从下拉列表中选择值，也可以在文本框中输入高度值(只接受西文字符)。

(5) 【粗体】按钮：确定文字是否以粗体形式标注。

(6) 【斜体】按钮：确定文字是否以斜体形式标注。此选项仅适用于使用 TrueType 字体的字符。

(7) 【下画线】按钮：确定是否对文字加下画线。

(8) 【上画线】按钮：确定是否对文字加上画线。

(9)【放弃】：在"多行文本编辑器"中执行放弃操作。

(10)【重做】按钮：在"多行文本编辑器"中执行重做操作，包括对文字内容或文字格式所做的修改。

(11)【堆叠】/【非堆叠】按钮：实现堆叠与非堆叠的切换。利用"/"、"^"或"#"等符号，可以实现不同方式的堆叠。

(12) 颜色下拉列表框：设置或更改所标注文字的颜色。

(13)【标尺】：控制编辑器中是否显示水平标尺。

(14)【列】按钮：分栏设置，可以使文字按多列显示。

(15) 多行文字对正按钮：设置文字的对齐方式，可从弹出的列表选择相应的对正方式，默认为"左上"。

(16)【段落】按钮：用于设置段落缩进、第一行缩进、制表位、段落对齐、段落间距及段落行距等。单击段落按钮，AutoCAD 会弹出"段落"对话框。

(17) 各种【对齐】按钮：设置段落文字沿水平方向的对齐方式。

(18)【行距】按钮：设置行间距。

(19)【编号】按钮：创建编号。可以通过弹出的下拉列表进行编号设置。

(20)【插入字段】按钮：向文字中插入字段。单击该按钮，AutoCAD 会显示"字段"对话框，用户可以从中选择需要的字段。

(21)【全部大写】/【全部小写】按钮：用于将选定的字符全部改为大写或小写。

(22)【符号】按钮：用于输入各种符号和空格。

(23)【倾斜】按钮：使输入或选定的文本倾斜，可以输入 −85～85 间的数值，正值向右倾斜，负值向左倾斜。

(24) 追踪框：用于确定字符间距。大于 1 时增大字符间距，小于 1 时减小字符间距。

(25) 宽度因子框：用于确定字符宽度，大于 1 时增大字符的宽度，小于 1 时减小字符的宽度。

(26) 水平标尺：用于说明和设置文本的宽度，设置制表位、首行缩进与段落缩进。

(27)"多行文字编辑器"快捷菜单。

【例 3-18】　在指定的 A(100, 100)，B(500, 300)两对角点构成的矩形框内输入如下多行文字：

郑州江南水榭 6# 楼总建筑面积(m^2)：5752.34

建筑层数为地上 11 层，地下 1 层

开工时间：2013 年 10 月 2 日

操作步骤如下：

(1) 创建文字样式，如图 3-30"文字样式"对话框所示；

(2)"绘图"工具栏：**A**；

　　命令：_mtext

　　当前文字样式："仿宋 3.5"当前文字高度：3.5

　　指定第一角点：(单击一点)

　　指定对角点或 [高度(H)/对正(J)/行距(L)/旋转(R)/样式(S)/宽度(W)]：@100, 50

(3) 按照图 3-33 所示在多行文字编辑器中注写文字。

3.4.5　表格样式设置

1. 表格样式

【表格样式】命令可以指定表格标题、列标题和数据行的格式，也可以为每行的文字和网格线指定不同的对齐方式和外观。

1) 命令

(1) "样式"工具栏：📝。

(2) 菜单栏：【格式】→【表格样式(B)…】。

(3) 命令行：Tablestyle↵。

2) 说明

执行【表格样式(B)…】命令后，AutoCAD 弹出"表格样式"对话框，如图 3-34 所示。

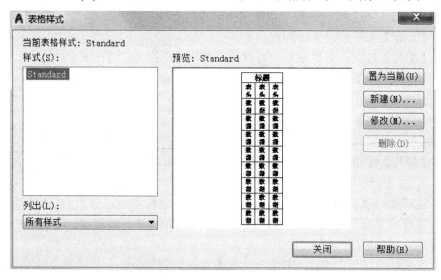

图 3-34　"表格样式"对话框

下面通过具体例子说明表格样式设置的方法步骤。

操作步骤如下：

(1) 选中"样式"工具栏 📝。

(2) 在"表格样式"对话框(见图 3-34)中单击【新建】按钮。

(3) 在"创建新的表格样式"对话框(见图 3-35)"新样式名"中输入"Standard 副本"。

图 3-35　"创建新的表格样式"对话框

(4) 单击图 3-35 中的【继续】按钮，出现图 3-36 "新建表格样式：Standard 副本" 对话框，可对新建表格样式进行编辑。

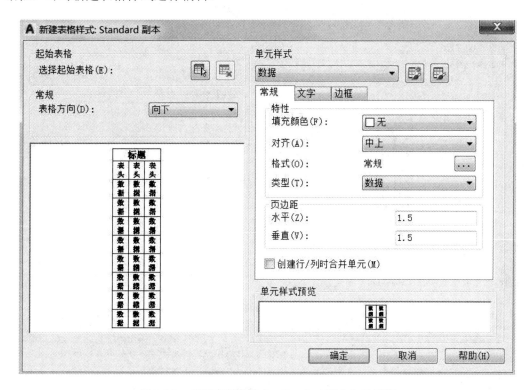

图 3-36　"新建表格样式：Standard 副本" 对话框

2. 新建表格

【表格】命令可以实现 AutoCAD 与 Microsoft Excel 一样的功能。

1) 命令

(1) "绘图"工具栏：▦。

(2) 菜单栏：【绘图】→【表格…】。

2) 说明

执行【表格】命令后，AutoCAD 弹出"插入表格"对话框，如图 3-37 所示。下面通过具体例子说明表格样式设置的方法步骤。

【例 3-19】　创建表格：表格样式名称为"表格 1"，列和行设置选项：列数 5 列、列宽为 63.5，8 行、行高为 4，在"绘图窗口"插入表格。

操作步骤如下：

(1) 选中"绘图"工具栏命令按钮▦。

(2) 在"插入表格"对话框(见图 3-37)进行设置，列和行设置选项："列"文本框输入 "15"，"列宽"文本框输入 "63.5"，"数据行"文本框输入 "8"，"行高"文本框输入 "4"。

(3) 单击图 3-37 中的【确定】按钮，在绘图窗口出现图 3-38 所示的编辑表格对话框。

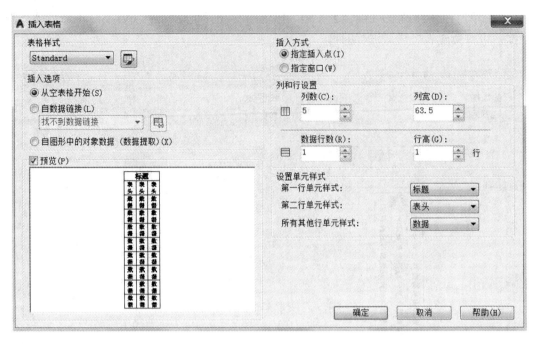

图 3-37 "插入表格"对话框

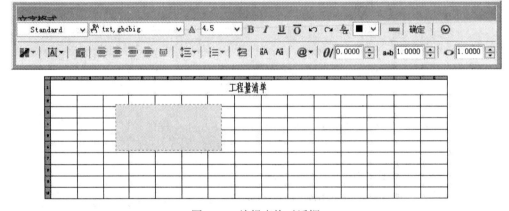

图 3-38 编辑表格对话框

使用"Tab"和方向键，可以在表格间移动。

双击某个表格，就可以使用 mtext 编辑器来输入文字。

可以通过快捷键菜单来插入字段和符号。

用鼠标右键单击某一表格，可以通过快捷菜单来插入图块，还可以合并表格、插入和删除列。

在单击表格后，拖拉夹点可以修改表格位置、列宽和行高。

3. 输入 Excel 表格

AutoCAD 使用 Microsoft Excel 电子表格的步骤：

(1) 先到 Microsoft Excel 里选取要复制的单元格，单击鼠标右键出现快捷菜单，选择"复制"将 Excel 表格数据复制到剪贴板，如图 3-39 所示。

	分部工程名称	工程量		时间定额	劳动量	班组人数	持续天数
		单位	数量				
地下部分	土方开挖	立方米	1521.5	0.012	19	10	2
	垫层	立方米	227.46	0.264	59	10	6
	支设模板	平方米	765	0.667	510	51	10
	绑扎钢筋	吨	34.98	1.5	53	9	6
	浇筑混凝土	立方米	576.9	0.6	346	35	10
	地下室卷材防水	平方米	464.76	0.15	70	14	5
	回填土	立方米	226.81	0.22	50	25	2

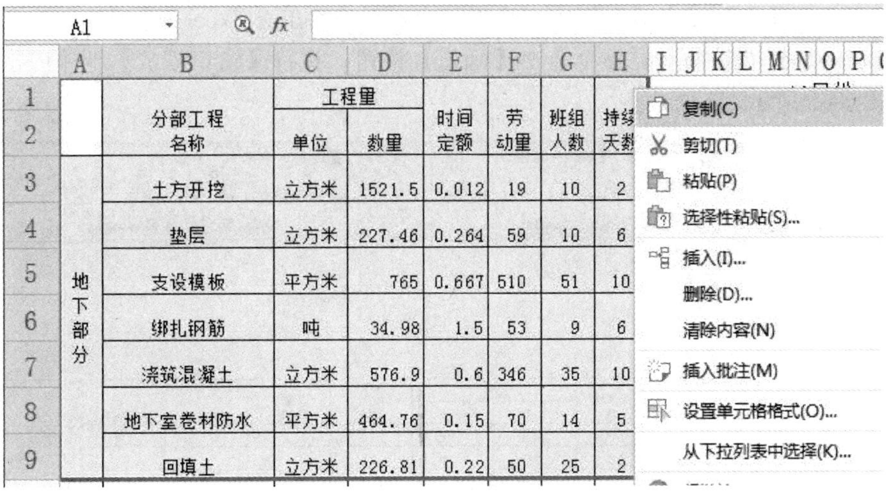

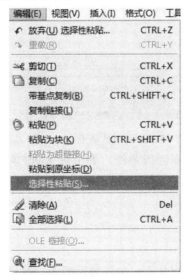

图 3-39　Excel 表格数据

(2) 在 AutoCAD 中，单击菜单栏：【编辑】→【选择性粘贴】，如图 3-40 所示，弹出如图 3-41 所示的“选择性粘贴”对话框。

图 3-40　“编辑”菜单选择“选择性粘贴”

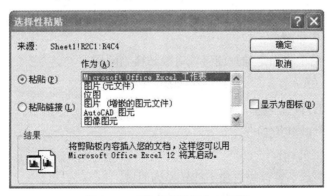

图 3-41　“选择性粘贴”对话框

(3) 在"选择性粘贴"对话框中，选择"Microsoft Office Excel 工作表"。

(4) 在"选择性粘贴"对话框点击【确定】按钮，执行【窗口缩放】调整表格大小，结果如图 3-42 所示。

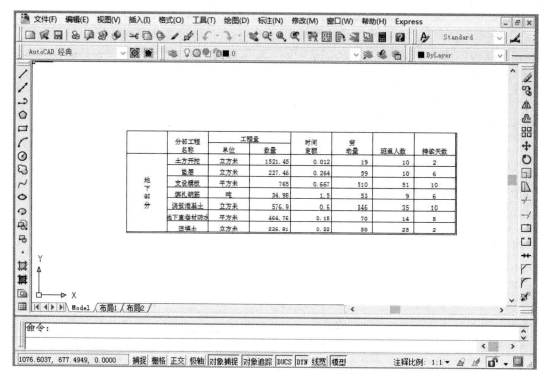

图 3-42　Excel 表格粘贴于 AutoCAD 绘图区域

Microsoft Excel 不是数据库管理系统，为了从 AutoCAD 访问 Excel 数据，AutoCAD 将在电子表格中指定的各个命名的单元范围视为独立的表，因此，需要事先指定一个命名的 Excel 单元范围作为数据库表。

3.4.6　面域

面域是指由直线、曲线或圆弧等对象形成的闭合二维平面区域。它由封闭轮廓线和由其围成的实心平面构成，是一个有面积而无厚度的实体截面，这样的平面区域可以进行并集、交集、差集等布尔操作。面域命令更多用于三维绘制立体图形，二维绘图中常常用其查询闭合图形的周长和面积。

【面域】命令用于将指定的封闭区域对象转换为面域。

1. 命令

(1)【绘图】工具栏：。

(2) 命令行：Region(Reg)↵。

2. 说明

(1) 自相交或端点不重合的对象不能转换为面域。

(2) 通过【修改】→【分解】菜单命令，可将面域还原为原对象。

本 章 小 结

本章主要对 AutoCAD 软件的二维图形绘制命令进行了介绍，主要包括直线、构造线、多线、多段线、正多边形、矩形、圆弧、圆、样条曲线、椭圆、插入块、点、图案填充和文字等 14 个绘制命令。本章的学习重点是：① 利用相对坐标绘制直线；② 利用构造线对某个角度进行二平分；③ 绘制多段线；④ 正多边形内接于圆和外切于圆的绘制；⑤ 新建块与插入块；⑥ 图案填充。本章的学习难点是：① 设置多线的样式和绘制多线；② 多段线中圆弧和宽度的设置；③ 矩形的线宽、标高和厚度的设置；④ 利用点命令进行定数等分和定距等分；⑤ 利用面域测量不规则图形的面积和周长。

练 习 题

1. 多线命令一般用来绘制墙体，如何进行多线设置？命令行提示"对正(J)/比例(S)/样式(ST)"是什么含义？

2. 图案填充命令如何让图案填充得更合理、更美观？比例与填充密度存在什么样的关系？

3. 多行文字与单行文字的表达有何不同？

4. 绘制图 3-43，并保存为 2004 版"3-37.dwg"文件。文件放置在"D: / AutoCAD 作业-姓名"目录下。

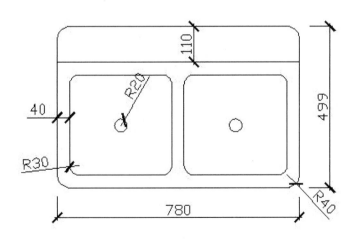

图 3-43　洗菜池

5. 绘制图 3-44，并保存为 2004 版"3-38.dwg"文件。

6. 绘制图 3-45，并保存为 2004 版"3-39.dwg"文件。

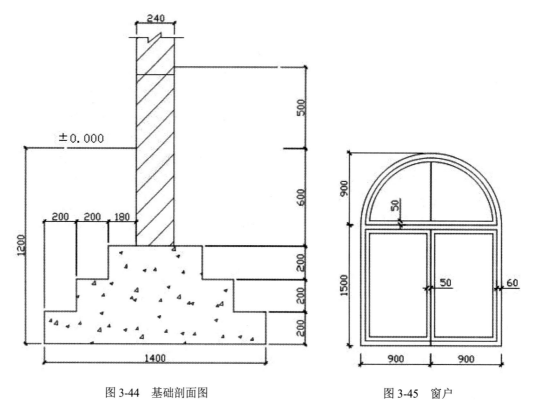

图 3-44　基础剖面图　　　　　　　　　图 3-45　窗户

7. 绘制图 3-46，并保存为 2004 版 "3-40.dwg" 文件。

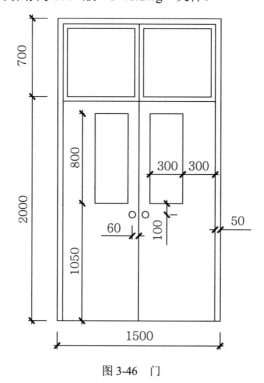

图 3-46　门

8. 如图 3-47 所示，绘制窗 C2219，并把它创建成块，命名为"C2219"。

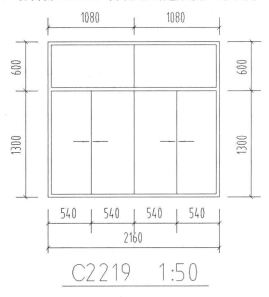

图 3-47　创建块：窗 C2219

9. 利用多线命令，绘制如图 3-48 所示的楼梯间四层平面图，并保存为 2000 版"3-41. dwg"文件。

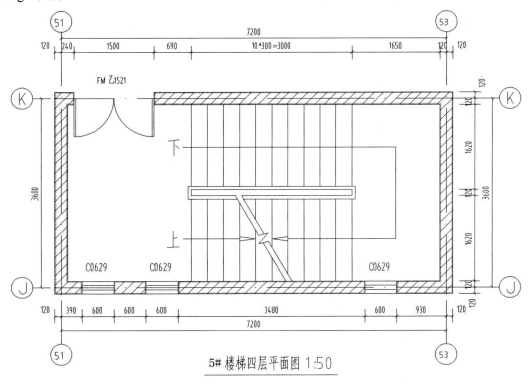

图 3-48　楼梯间四层平面图

第4章　AutoCAD 常用修改命令

【知识框架及要求】

知识要点	细节要求	水平要求
修改命令	① 复制、偏移、镜像与阵列	熟练
	② 移动、旋转、缩放、拉伸与拉长	熟练
	③ 修剪、延伸、倒角、圆角与分解	熟练

修改命令是 AutoCAD 的基础命令，任何二维图形在绘制过程中都需要不断地修改，掌握二维图形修改命令的使用方法，是熟练使用 AutoCAD 的基础，本章主要学习建筑工程制图中常用的二维图形修改命令。

二维图形的修改命令主要由复制、偏移、镜像、阵列、移动、旋转、缩放、拉伸、拉长、修剪、延伸、倒角、圆角与分解组成，可以通过菜单栏【修改】下拉菜单看到各个修改命令。修改命令的调用方式主要是菜单调用、工具栏调用和快捷键调用。

4.1　复制、偏移、镜像与阵列命令

4.1.1　复制

【复制】命令用于将指定对象在给定位置做一次或多次复制，并保留原图形。

1. 命令

(1) "修改"工具栏：。

(2) 菜单栏：【修改】→【复制】。

填充 H　删除 E

修剪 TR　复制 CO

(3) 右键菜单：选择要复制的对象，在绘图窗口中单击鼠标右键，在弹出的右键菜单单击"复制"。

(4) 命令行：Copy(Co)↵。

2. 说明

执行【复制】后命令，AutoCAD 提示：

选择对象：(选择要复制的对象)

指定基点或 [位移(D)/模式(O)]<位移>：

(1) 指定基点：默认项为指定基点，执行该默认项，即指定一点作为复制基点，而后 AutoCAD 提示：

指定第二个点或<使用第一个点作为位移>：

在此提示下再确定一点，AutoCAD 将按两点确定的位移矢量复制选择对象到指定位置，之后 AutoCAD 可以继续进行复制，提示为：

指定第二个点或 [退出(E)/放弃(U)]<退出>：

此时指定点则继续复制，如果选择回车或空格，则结束【复制】命令。

(2) 位移(D)：根据位移量复制对象。执行该选项，AutoCAD 提示：

指定位移：

如果在此提示下输入位移量(如输入 50, 100)，AutoCAD 将按此位移量复制对象。

(3) 模式(O)：确定复制的模式。执行该选项，AutoCAD 提示：

输入复制模式选项[单个(s)/多个(M)]<多个>：

其中，"单个(s)"选项表示执行 Copy 命令后只对选择的对象进行一次复制，"而多个(M)"选项表示可以多次复制，AutoCAD 缺省为"多个(M)"。

复制对象时，最好打开对象捕捉功能，以精确捕捉基点和位移点。

【例 4-1】　如图 4-1 所示矩形 ABCD，将 A 角点上的三角形以点 A 为基点复制到矩形的 D、E 两点上。

　　　　　　(a) 复制前　　　　　　　　　　　　　(b) 复制后

图 4-1　复制

操作步骤如下：

命令: _copy

选择对象: 找到 1 个(三角形为一个对象)

选择对象:

当前设置: 复制模式 = 多个

指定基点或 [位移(D)/模式(O)] <位移>: 指定第二个点或 <使用第一个点作为位移>: (指定复制的基点: 三角形顶点)

指定第二个点或 [退出(E)/放弃(U)] <退出>: (捕捉矩形的右上角 D 点)

指定第二个点或 [退出(E)/放弃(U)] <退出>: (捕捉矩形对角线交点 E)

【例 4-2】　将图 4-2 中的三角形以 A 为基点复制到图示 B、C、D 位置。

操作步骤如下：

按下"状态栏"上的【正交】按钮。

命令: _copy

选择对象: 指定对角点: 找到 1 个(三角形为一个对象)

选择对象:

当前设置: 复制模式 = 多个

指定基点或 [位移(D)/模式(O)] <位移>: (点击 A 点，鼠标移动至 AB 方向)

指定第二个点或 <使用第一个点作为位移>: 100□(复制到 B)

指定第二个点或 [退出(E)/放弃(U)] <退出>: @100, 30□(复制到 C)

指定第二个点或 [退出(E)/放弃(U)] <退出>: @80<60□(复制到 D)

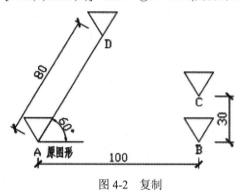

图 4-2　复制

4.1.2　偏移

【偏移】命令用于平行复制选定对象，通过该命令可以创建同心圆、平行线或等距离线等，如图 4-3 所示。

1. 命令

(1) "修改"工具栏: 凸。

(2) 菜单栏: 【修改】→【偏移】。

(3) 命令行: Offset(O)↵。

2. 说明

执行【偏移】命令，AutoCAD 提示:

当前设置: 删除源 = 否　图层 = 源　OFFSETGAPTYPE = 0

指定偏移距离或 [通过(T)/删除(E)/图层(L)]<通过>:

(1) 指定偏移距离偏移复制对象。此时输入: (距离值) ↵，AutoCAD 提示:

选择要偏移的对象，或 [退出(E)/放弃(E)]<退出>: (选择要偏移复制的对象。注意: 此时只能选择一个操作对象，也可以回车执行"退出"选项，结束命令的执行)

指定要偏移的那一侧上的点，或 [退出(E)/多个(M)/放弃<(U)>]<退出>: (相对于源对象，在要偏移复制到的一侧任意拾取一点，即可实现偏移复制)

此后 AutoCAD 继续指示:

选择要偏移的对象，或 [退出(E)/放弃<(U)>]<退出>: ↵ (也可以继续选择对象进行偏移复制)

(2) 退出(E)。退出【偏移】命令。

(3) 多个(M)。利用当前设置的偏移距离重复进行偏移操作。执行该选项，AutoCAD 提示:

指定要偏移那一侧上的点，或 [退出(E)/放弃<(U)>]<下一个对象>: (相对于源对象，在要复制

到的那一侧任意点单击，即可实现对应的偏移复制)

　　指定要偏移的那一侧上的点，或 [退出(E)/放弃<(U)>]<下一个对象>：↵ (也可以继续指定偏移位置实现偏移复制操作)

(4) 放弃(U)：取消前一次操作。

(5) 通过(T)：通过已知点偏移对象。执行该选项，即输入"T"后按"Enter"键，AutoCAD提示：

　　选择要偏移的对象，或 [退出(E)/放弃<(U)>]<退出>：(选择对象，也可以按"Enter"键结束命令的执行)

　　指定通过点或 [退出(E)/多个(M)/放弃<(U)>]<退出>：↵ (确定新对象要通过的点即可实现偏移)

　　指定通过点或 [退出(E)/多个(M)/放弃<(U)>]<退出>：↵ (也可以继续指定点进行偏移复制)

(6) 删除(E)：确定偏移后是否删除源对象(图 4-3 所示实例中，偏移后保留源对象)。执行该选项，AutoCAD 提示：

　　要在偏移后删除源对象吗？[是(Y)/否(N)]<否>：

用户做出对应的选择后，AutoCAD 提示：

　　指定偏移距离或 [通过(T)/删除(E)/图层(L)]<通过>：

用户可根据需要操作。

(7) 图层(L)：选择将偏移后得到的对象创建在当前图层还是源对象所在图层。执行图层(L)选项后，AutoCAD 提示：

　　输入偏移对象的图层选项[当前(C)/源(S)]<源>：

在上述提示中，"当前(C)"选项表示将偏移后得到的对象创建在当前图层；"源(S)"选项则表示要将偏移后得到的对象创建在源对象所在图层。用户做出选择后，AutoCAD提示：

　　指定偏移距离或 [通过(T)/删除(E)/图层(L)]<通过>：(根据提示操作即可)

注意：不能偏移多线、图块、文本等对象。某些图形偏移后会产生变形。

【**例 4-3**】　如图 4-3 所示，将线段 AB 向左、右各偏移 50 个绘图单位、将圆 O 向外偏移 30 个绘图单位。

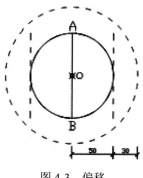

图 4-3　偏移

操作步骤如下：

(1) 偏移直线段 AB："修改"工具栏：

命令: _offset

当前设置: 删除源 = 否　图层 = 源　OFFSETGAPTYPE = 0

指定偏移距离或 [通过(T)/删除(E)/图层(L)] <50.0000>: 50↵

选择要偏移的对象，或 [退出(E)/放弃(U)] <退出>: (选择直线段 AB)

指定要偏移的那一侧上的点，或 [退出(E)/多个(M)/放弃(U)] <退出>: (在 AB 左侧单击)

选择要偏移的对象，或 [退出(E)/放弃(U)] <退出>: (选择直线段 AB)

指定要偏移的那一侧上的点，或 [退出(E)/多个(M)/放弃(U)] <退出>: (在 AB 直线段右侧单击)

选择要偏移的对象，或 [退出(E)/放弃(U)] <退出>: ↵

(2) 偏移圆 O："修改"工具栏：

命令: _offset

当前设置: 删除源 = 否　图层 = 源　OFFSETGAPTYPE = 0

指定偏移距离或 [通过(T)/删除(E)/图层(L)] <50.0000>: 30

选择要偏移的对象，或 [退出(E)/放弃(U)] <退出>: (选择圆 O)

指定要偏移的那一侧上的点，或 [退出(E)/多个(M)/放弃(U)] <退出>: (在圆 O 外侧单击)

选择要偏移的对象，或 [退出(E)/放弃(U)] <退出>: ↵

【例 4-4】　利用偏移命令绘制图 4-4 所示轴网。

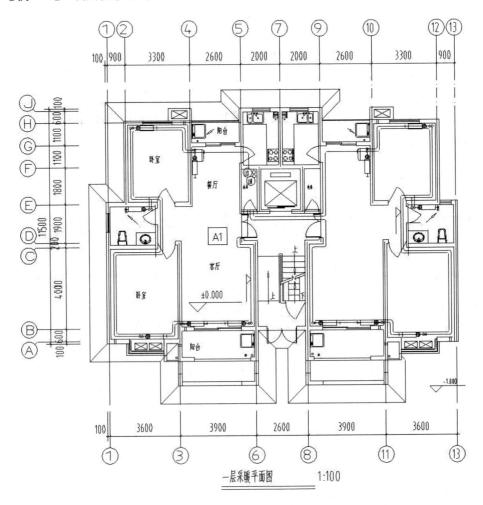

图 4-4　绘制轴网图

操作步骤：

(1) 用【直线】命令绘制①-①轴线；

(2) 用【偏移】命令绘制②到⑬轴线；

(3) 用【直线】命令绘制 A 轴线；

(4) 用【偏移】命令绘制 B 到 J 轴线；

(5) 用【圆】命令绘制轴号①、轴号 A；

(6) 用【复制】命令绘制剩余其他轴号；

(7) 用【保存】命令保存为"一层采暖平面图.dwg"文件。

4.1.3　镜像

【镜像】命令使对象绕指定轴翻转，创建关于某轴对称的图形。"镜像"功能特别适合绘制轴对称图形，先绘制半个对象，然后镜像得到整个图形，从而提高绘图效率。

1. 命令

(1) "修改"工具栏：⚎。

(2) 菜单栏：【修改】→【镜像】。

(3) 命令行：Mirror(Mi)↵。

2. 说明(如图 4-5 所示，图形关于 AB 对称)

执行【镜像】命令，AutoCAD 提示：

命令: _mirror

选择对象: 指定对角点: 找到 3 个(选择矩形、三角形和文字"教程")

选择对象:

指定镜像线的第一点: (指定对称轴上的第一点 A)

指定镜像线的第二点: (指定对称轴上的第二点 B)

要删除源对象吗? [是(Y)/否(N)] <N>:

如果执行"否(N)"选项，镜像操作后不会删除源对象，如图 4-5(b)所示；如果执行"是(Y)"选项，镜像操作后会删除源对象。

注意： 在默认情况下，MirrText 系统变量的值为 0，即镜像文字时，不更改文字的方向，如图 4-5(b)所示；如果确实需要反转文字，可将 MirrText 系统变量设置为 1，此时镜像反转，镜像文字不可读，如图 4-5(c)所示。

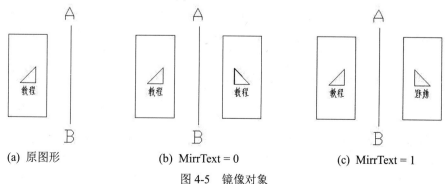

(a) 原图形　　　　　　　(b) MirrText = 0　　　　　　　(c) MirrText = 1

图 4-5　镜像对象

4.1.4　阵列

【阵列】命令用于将指定对象按指定方式进行多次复制。

1. 命令

(1) "修改"工具栏：🔡。

(2) 菜单栏：【修改】→【阵列】。

(3) 命令行：Array(Ar)↵。

2. 说明

执行【阵列】命令后，会弹出"阵列"对话框，如图 4-6 所示。

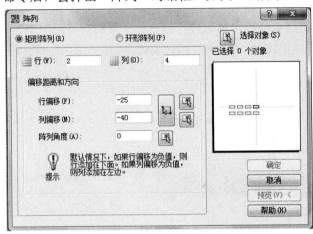

图 4-6　"阵列"对话框

1) 矩形阵列

矩形阵列是指将选定的对象按指示的行数和列数重复复制，如图 4-7 所示。在图 4-6 所示的"阵列"对话框中，各主要选项的功能如下：

(1) "行""列"文本框：用于指定矩形阵列的行数和列数。

(2) "偏移距离和方向"选项组：设置偏移的行、列间距以及阵列角度(按指定的角度阵列)。用户可以直接在对应的文本框中输入数值，也可以单击文本框后面的对应按钮，以指定点的方式确定。

注意：行、列间距包括对象自身尺寸，如图 4-7 所示。

通过"行偏移"和"列偏移"文本框设置阵列行间距和列间距时，距离值的正、负含义是：在默认坐标系设置下，如行间距为正值，相对于源对象为向上阵列，反之为向下阵列；如列间距为正值，相对于源对象为向右阵列，反之为向左阵列。

(3) 【选择对象】按钮：用于选择阵列的源对象。单击该按钮，AutoCAD 临时切换到绘图窗口，并提示：

选择对象：

在此提示下，用户选择要阵列的对象并确认后，AutoCAD 返回到"阵列"对话框，并在【选择对象】按钮下方显示"已选择 n 个对象"。

(4) 预览区域。显示按当前进行阵列的预览图像。用户在对话框中修改某一阵列参数后，单击预览区域，预览图像会动态更新。

(5)【预览】按钮。用于显示预览阵列效果。此时用户如果单击【接受】按钮，AutoCAD 会按当前设置阵列对应的对象，并结束【阵列】命令；单击【修改】按钮，则会再返回到如图 4-6 所示的"阵列"对话框，用户可继续修改阵列设置；【取消】按钮用于取消当前的阵列操作，即不阵列。

注意：通过"阵列"对话框完成阵列设置后，也可以直接单击【确定】按钮实现阵列。

【例 4-5】　如图 4-7 所示，源对象是一个边长为 10 的正方形和其内切圆，将源对象按 2 行 4 列进行阵列，行、列间距分别为 25 和 40。

操作步骤：

(1) 在"修改"工具栏上单击 ⊞ 按钮。

(2) 在弹出的对话框中进行设置，如图 4-6 所示。

(3) 单击【选择对象】按钮，返回绘图窗口，选择源对象(左下角对角线相连的正方形)。

(4) 单击【确定】按钮实现阵列，结果如图 4-7 所示。

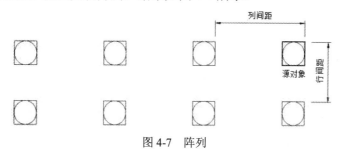

图 4-7　阵列

2) 环形阵列

环形阵列是指将选定的对象围绕给定中心进行重复复制。单击图 4-6 所示的"阵列"对话框中的"环形阵列"单选按钮，切换到"环形阵列"模式，如图 4-8 所示。

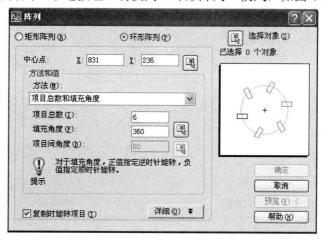

图 4-8　环形阵列对话框

相关参数和选项意义如下：

(1) "中心点"文本框：输入中心点的 X、Y 坐标值，或在图中直接拾取一点作为环形阵列的中心点位置。

(2)　"方法和值"选项组：确定环形阵列项目总数及阵列角度范围。

"方法"下拉列表框：设置定位对象所用的方法。可以在下拉列表的"项目总数和填充角度""项目总数和项目间的角度"以及"填充角度和项目间的角度"之间选择，其中项目总数表示环形阵列后的对象个数(包括源对象)。

"项目总数""填充角度""项目间角度"文本框："项目总数"文本框用于设置阵列后所显示的对象数目(包括源对象)；"填充角度"文本框用于设置环形阵列的阵列范围；"项目间角度"文本框则用于设置环形阵列后相邻两对象之间的夹角。这三个文本框并不同时起作用，其有效性取决于在"方法"下拉列表框中选择的阵列方法。

(3)　"复制时旋转项目"复选框：确定环形阵列对象时对象本身是否绕其基点旋转，通过例 4-6 可以说明其效果。

(4)　其他功能：与矩形阵列一样，【选择对象】按钮用于确定要阵列的对象，【预览】按钮用于预览阵列效果，【确定】按钮则用于确认阵列设置即执行阵列。

【例 4-6】　原有图形如图 4-9 所示，试以 O 点为阵列中心对源对象进行环形阵列。

操作步骤如下：

在"修改"工具栏上单击 ⊞ 按钮；

在弹出的对话框中选中"环形阵列"单选按钮，并进行设置，如图 4-8 所示；

单击【选择对象】按钮，返回绘图窗口，选择源对象；

单击【中心点】按钮，返回绘图窗口，选择 O 点；

不勾选"复制时旋转项目"复选框；

单击【确定】按钮实现阵列，结果如图 4-10(a)所示。

若勾选"复制时旋转项目"复选框，单击【确定】按钮实现阵列，结果如图 4-10(b)所示。

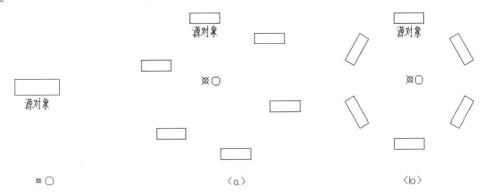

图 4-9　原图形　　　　　　　　　　　　　　图 4-10　阵列图形

【例 4-7】　使用阵列、多边形、圆弧、填充命令绘制如图 4-11 所示的图形。

操作步骤：

(1)　绘制正六多边形。

　　命令: _polygon 输入侧面数 <4>: 6

　　指定正多边形的中心点或 [边(E)]: e

　　指定边的第一个端点: 指定边的第二个端点: 48

(2) 绘制花瓣。

命令: _arc

指定圆弧的起点或 [圆心(C)]:

指定圆弧的第二个点或 [圆心(C)/端点(E)]: C

指定圆弧的圆心:

指定圆弧的端点(按住 Ctrl 键以切换方向)或 [角度(A)/弦长(L)]:

(3) 环形阵列 6 个花瓣。

(4) 绘制内弧线。

命令: _arc

指定圆弧的起点或 [圆心(C)]:

指定圆弧的第二个点或 [圆心(C)/端点(E)]:

指定圆弧的端点:

(5) 修改和填充。

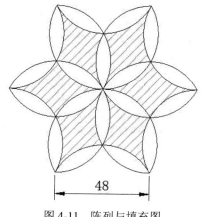

48

图 4-11　阵列与填充图

4.2　移动、旋转、缩放、拉伸与拉长命令

4.2.1　移动

【移动】命令用于将指定对象从当前位置移动到另一个给定位置，不改变图形的大小和方向，移动后原对象消失。

1. 命令

(1) "修改工具栏": ✛。

(2) 菜单栏: 【修改】→【移动】。

(3) 命令行: Move(M)↵。

2. 说明

执行【移动】命令后，AutoCAD 提示:

命令: _move

选择对象: 找到 1 个(三角形)

选择对象:

指定基点或 [位移(D)] <位移>: (三角形顶点)

指定第二个点或<使用第一个点作为位移>:

注意: 移动对象与复制对象的操作方法完全一样，其区别在于移动后原对象消失，如图 4-12 所示。

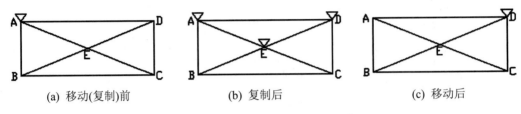

(a) 移动(复制)前　　　　　(b) 复制后　　　　　(c) 移动后

图 4-12　【移动】和【复制】的比较

同时，【移动】命令与【实时平移】命令有本质的区别。【实时平移】命令的结果是让整幅图在屏幕上产生位移，图中各点的坐标值没有改变；而【移动】命令是真实地使所选对象产生位移，对象中各点坐标发生变化。

4.2.2　旋转

【旋转】命令用于将指定对象按给定的基点和角度进行旋转。

1. 命令

(1) "修改"工具栏：⟳。

(2) 菜单栏：【修改】→【旋转】。

(3) 命令行：Rotate(Ro)↵。

2. 说明

执行【旋转】命令后，AutoCAD 提示：

命令: _rotate

选择对象：(用户可以选择要旋转的对象)

指定旋转角度，或 [复制(C〕/参照(R)]<0>：(用户可以输入旋转角度或 R)

指定基点：(指定旋转基点)

(1) 指定旋转角度：输入角度值后确认，AutoCAD 会把选中的对象绕基点旋转该角度。采用缺省设置时，角度为正值时沿逆时针方向旋转，反之沿顺时针方向旋转。

(2) 复制(C)：以复制形式旋转对象，即创建出旋转对象后仍在原位置保留原对象。

(3) 参照(R)：以参照方式旋转对象。执行该选项，AutoCAD 提示：

指定参照角：(输入参照方向的角度值后按 Enter 键)

指定新角度或 [点(P)]：(输入相对于参照方向的新角度，或通过"点(P)"选项确定角度)。

执行结果：AutoCAD 旋转对象，且实际旋转角度等于输入的新角度——参照角度。

操作中，可以先指定一个参照角度 α，再选择另一个旋转角度 β 的位置；使对象以参照角度为基准，旋转到指定的位置，而不需要给出确定的角度值。

【例 4-8】　将图 4-13(a)中的矩形及对角线、三角形绕点 B 旋转 90°，如图 4-13(b)所示。

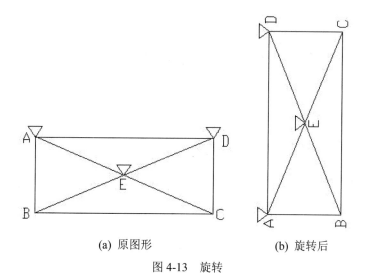

(a) 原图形　　　　　　　　(b) 旋转后

图 4-13　旋转

操作步骤：

命令: _rotate

UCS 当前的正角方向: ANGDIR = 逆时针　ANGBASE = 0

选择对象: 指定对角点: 找到 11 个(按住鼠标左键选中矩形、对角线和三角形)

选择对象:

指定基点: (捕捉点 B)

指定旋转角度，或 [复制(C)/参照(R)] <0>: 90

4.2.3　缩放

【缩放】命令用于将指定对象按给定的比例进行放大或缩小。

1.命令

(1) "修改"工具栏：▢。

(2) 菜单栏：【修改】→【缩放】。

(3) 命令行：Scale(Sc)↵。

2. 说明

执行【缩放】命令后，AutoCAD 提示：

选择对象: (选择要缩放的对象)

选择对象: ↵ (也可以继续选择对象)

指定基点: (根据需要指定基点，一般选择图形上的几何中心或特殊点)。

指定比例因子或 [复制(C)/参照(R)]:

(1) 指定比例因子：指定比例因子为默认项。执行该默认项，即输入比例因子后按回车键，AutoCAD 将把对象按该比例相对于基点放大或缩小，当比例因子 > 1 时，放大选定对象(如输入"2",放大 2 倍),当比例因子大于 0 小于 1 时,缩小选定的对象(如输入"1/2",缩小为原大小的 1/2)。

(2) 复制(c):以复制的形式进行缩放,即创建出放大或缩小的新对象后仍在原位置保留原对象。执行该选项后,根据提示指定缩放比例因子即可。

(3) 参照(R):当知道图形中任一对象的原尺寸和缩放后的尺寸时,可以利用参照方式缩放,参照缩放是一种间接确定缩放比例的方式,比例因子等于新长度值除以参照长度值。执行该选项后 AutoCAD 提示:

　　　　指定参照长度:(输入参照长度的值)。

　　　　指定新的长度或 [点(P)]:(输入新长度值或利用"点(P)"选项确定新值)

执行结果:AutoCAD 根据参照长度与新长度的值自动计算比例因子。

注意:【缩放】命令与【实时缩放】命令有本质的区别:【实时缩放】命令的结果只是改变了图形在屏幕上的显示大小,图中对象的实际尺寸并没有改变;而【缩放】命令是从物理意义上真正改变了所选对象的实际尺寸。

X、Y、Z 轴三个方向的缩放比例因子相同。

4.2.4　拉伸

【拉伸】命令用于拉伸或压缩指定对象,使其长度发生变化。

1. 命令

(1) "修改"工具栏:⬚。

(2) 菜单栏:【修改】→【拉伸】。

(3) 命令行:Stretch(S)↵。

2. 说明

执行【拉伸】命令后,AutoCAD 提示:

　　　　以交叉窗口或交叉多边形形式选择对象…

　　　　选择对象:(此时只能以交叉或多边形交叉方式选择对象,在"选择对象"提示下用 C(交叉窗口方式)或 CP(不规则交叉窗口方式)响应)

如果在"选择对象"提示后输入"C↵"(交叉窗口),AutoCAD 提示:

　　　　指定第一个角点:(指定选择窗口的第一个角点)

　　　　指定对角点:(指定选择窗口的另一个角点)

　　　　选择对象:

　　　　指定基点或 [位移(D)]<位移>:(指定拉伸基点或位移)

　　　　指定第二个点或<使用第一个点作为位移>:(指定拉伸第二点或直接↵)

执行结果:AutoCAD 将位于选择窗口内的对象进行移动,将与窗口相交的对象按规则拉伸或压缩、移动。

注意:在"选择对象"提示下以交叉窗口方式或不规则交叉窗口方式选择对象时,对于由【直线】、【圆弧】等命令绘制的直线或圆弧,如整个图形位于选择窗口内,执行的结果是对它们进行移动;若图形的一端在选择窗口内,另一端在选择窗口外,即对象与选择窗口的边界相交,则有以下拉伸规则。

(1) 直线段：位于窗口外的端点不动、而位于窗口内的端点移动，直线由此改变。

(2) 圆弧：与直线的改变规则类似，但在圆弧的改变过程中，圆弧的弦高保持不变，同时由此来调整圆心的位置等。

(3) 多段线：与直线或圆弧相似，但多段线两端的宽度、切线方向以及曲线拟合信息均不改变。

(4) 其他对象：如果对象的定义点位于选择窗口内，对象发生移动，否则不移动。其中，圆的定义点为圆心、块的定义点为插入点、文字和属性定义的定义点为文字串的左下端点。

【例 4-9】　已知有图 4-14(a)所示图形，对其进行压缩，结果如图 4-14(b)所示。

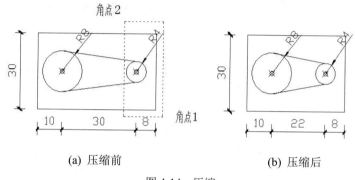

(a) 压缩前　　　　　　　　　　(b) 压缩后

图 4-14　压缩

操作步骤如下：

执行【拉伸】命令，AutoCAD 提示：

命令: s

STRETCH

以交叉窗口或交叉多边形选择要拉伸的对象...

选择对象: 指定对角点: 找到 8 个

选择对象:

指定基点或 [位移(D)] <位移>:

指定第二个点或 <使用第一个点作为位移>: (先按下"正交"按钮，再向左移动鼠标，按 8，点回车或者是@-8, 0)

由压缩结果可以看出，由于位于右侧的圆、圆心标记以及矩形右边线均位于矩形选择窗口内，因此执行拉伸操作后它们发生的是移动，而两条斜线被拉长，且拉长后仍保持与圆的相切关系。

4.2.5　拉长

【拉长】命令用于改变指定直线段或圆弧的长度。

1. 命令

(1)【修改】菜单栏：【拉长】。

(2) 命令行：Lengthen(Len)↵

2. 说明

执行【拉长】命令后，AutoCAD 提示：

选择对象或 [增量(DE)/百分数(P)/全部(T)/动态(DY)]：

(1) 选择对象：该选项用于显示指定直线段或圆弧的现有长度和圆弧包含角，为默认项。选择对象后，AutoCAD 显示出对应的值，而后继续提示：

选择对象或 [增量(DE)/百分数(P)/全部(T)/动态(DY)]：

(2) 增量(DE)：通过设定长度增量或角度增量来改变对象的长度。执行此选项后，AutoCAD 提示：

输入长度增量或 [角度(A)]：

其中，输入长度增量，为默认项。执行该选项，输入长度增量值而后回车，AutoCAD 提示：选择要修改的对象或 [放弃(U)]：

角度(A)：根据圆弧的包含角增量改变弧长。执行该选项，AutoCAD 提示：

输入角度增量：

输入圆弧的角度增量后单击鼠标右键或回车，AutoCAD 提示：

选择要修改的对象或 [放弃(U)]：(在该提示下选择圆弧，圆弧按指定的角度增量在距离拾取点较近的一端改变长度，且角度增量为正值时圆弧变长，反之变短)

选择要修改的对象或 [放弃(U)]：↵(也可以继续选择对象进行修改)

(3) 百分数(P)：用原值的百分数控制直线段或圆弧的伸缩，如 80 是指长度为原来的80%，缩短 20%；120 是指长度为原来的 120%，伸长 20%。执行该选项，AutoCAD 提示：

输入长度百分数：(输入百分比值，不带"%")

选择要修改的对象或 [放弃(U)]：(选择对象)

(4) 全部(T)：根据直线或圆弧的新长度或圆弧的新包含角改变长度。执行该选项，AutoCAD 提示：

指定总长度或 [放弃(U)]：

指定总长度：输入直线或圆弧的新长度，为默认项。执行默认项，即输入新长度值后，AutoCAD 提示：

选择要修改的对象或 [放弃(U)]：

在该提示下选择直线段或圆弧，AutoCAD 会使操作对象在距离拾取点较近的一端改变长度，使其长度为新设值。

角度(A)：确定圆弧的新包含角度(此选项只适用于圆弧)。执行该选项，AutoCAD 提示：

指定总角度：(输入角度值后单击鼠标右键或↵)

选择要修改的对象或 [放弃(U)]：

在该提示下选择圆弧，圆弧在离拾取点近的一端改变长度，使圆弧的包含角变为新设值。

(5) 动态(DY)。动态改变圆弧或直线的长度。执行该选项，AutoCAD 提示：

选择要修改的对象或 [放弃(U)]：

在此提示下选择对象后，AutoCAD 提示：

指定新端点：

此时可以通过鼠标以拖动方式动态确定圆弧或线段的新端点位置，确定后单击鼠标左键即可。

4.3　修剪、延伸、倒角、圆角与分解命令

4.3.1　修剪

【修剪】命令用于按照给定的修剪边界，剪掉指定对象不需要的部分。

1. 命令

(1) "修改"工具栏：`-/-`。

(2) 菜单栏：【修改】→【修剪】。

(3) 命令行：Trim(Tr)↵。

2. 说明

执行【修剪】命令后，AutoCAD 提示：

当前设置：投影 = UCS，边 = 无

选择剪切边…

选择对象或<全部选择>：↵(选择所有对象作为剪切边)

选择要修剪的对象，或按住 Shift 键选择要延伸的对象，或

[栏选(F)/窗交(C)/投影(P)/边(E)/删除(R)/放弃(U)]：

(1) 选择要修剪的对象或按住 Shift 键选择要延伸的对象：选择对象进行修剪或将选择的对象延伸到剪切边，为默认项。如果用户在该提示下选择被修剪对象，系统将以剪切边为边界，把被修剪对象上位于选择对象拾取点一侧的对象修剪掉。如果被修剪对象没有与剪切边交叉，在该提示下按下 Shift 键后选择对象，AutoCAD 会将其延伸到剪切边。

(2) 栏选(F)：以栏选方式确定被修剪对象并进行修剪。执行该选项，AutoCAD 提示：

指定第一个栏选点：(指定第一个栏选点)

指定下一个栏选点或 [放弃(U)]：(依次在此提示下确定各栏选点后按确认，AutoCAD 用剪切边对由栏选方式确定的被修剪对象进行修剪)

选择要修建的对象，或按住 Shift 键选择要延伸的对象，或

[栏选(F)/窗交(C)/投影(P)/边(E)/删除(R)/放弃(U)]：↵ (也可以继续选择操作对象，或进行其他操作和设置)

(3) 窗交(C)：使与矩形选择窗口边界相交的对象作为被修剪对象并进行修剪。

(4) 投影(P)：确定修剪时的操作空间。

(5) 边(E)：确定剪切边的隐含延伸模式。执行该选项，AutoCAD 提示：

输入隐含边延伸模式[延伸(E)/不延伸(N)]<延伸>：

延伸(E)/不延伸(N)：按延伸(不延伸)模式修剪，即如果剪切边太短、没有与被修剪对象相交，AutoCAD 会自动按剪切边延长(不延长剪切边)，然后进行修剪。

(6) 删除(R)：删除指定的对象。

【例 4-10】　将图 4-15(a)所示图形修剪为图 4-15(b)。

操作步骤如下：

执行【修剪】命令。

> 命令: _trim
>
> 当前设置: 投影 = UCS，边 = 无
>
> 选择剪切边...
>
> 选择对象或 <全部选择>: 找到 1 个(AB)
>
> 选择对象:
>
> 选择要修剪的对象，或按住 Shift 键选择要延伸的对象，或
>
> [栏选(F)/窗交(C)/投影(P)/边(E)/删除(R)/放弃(U)]: (选择 C、J)
>
> 命令: trim
>
> 当前设置: 投影 = UCS，边 = 无
>
> 选择剪切边...
>
> 选择对象或 <全部选择>: 找到 1 个(圆 O)
>
> 选择对象: 找到 1 个(AB)，总计 2 个(圆 O 和 AB)
>
> 选择对象:
>
> 选择要修剪的对象，或按住 Shift 键选择要延伸的对象，或
>
> [栏选(F)/窗交(C)/投影(P)/边(E)/删除(R)/放弃(U)]: (选择 D、E、F、H、G)

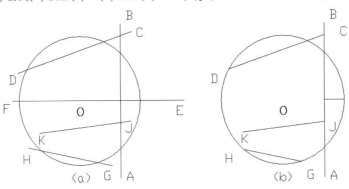

图 4-15　修剪

4.3.2　延伸

【延伸】命令用于将指定的对象延伸到另一对象(称之为边界边)上。

1. 命令

(1) "修改"工具栏: --╱。

(2) 菜单栏:【修改】→【延伸】。

(3) 命令行: Extend(Ex)↵。

2. 说明

执行【延伸】命令后，AutoCAD 提示:

> 命令: _extend
>
> 当前设置: 投影 = UCS，边 = 延伸
>
> 选择边界的边...

选择对象或<全部选择>：(选择作为边界的边的对象，按 Enter 键选择全部对象)

选择对象，单击鼠标右键或↵确认(可以继续选择对象)。

选择要延伸的对象：或按住 shift 键选择要修剪的对象，或

[栏选(F)/窗交(C)/投影(P)/边(E)/删除(R)/放弃(U)]：

(1) 选择要延伸的对象或按住 shift 键选择要修剪的对象：选择对象进行延伸，为缺省项。如果在该提示下选择要延伸的对象，AutoCAD 会把该对象延长到指定的边界边；如果延伸对象与边界边交叉，在该提示下按下 Shift 键同时选择对象，AutoCAD 则会以边界边为剪切边，将选择对象时所选择一侧的对象修剪掉。

(2) 栏选(F)：以栏选方式确定被延伸对象。执行该选项，AutoCAD 提示：

指定第一个栏选点：(指定第一个栏选点)

指定下一个栏选点或 [放弃(U)]：(依次确定各栏选点后按 Enter 键，AutoCAD 将把被延伸对象延伸到对应的边界)

选择要延伸的对象，或按住 Shift 键选择要修建的对象，或

[栏选(F)/窗交(C)/投影(P)/边(E)/删除(R)/放弃(U)]：↵(也可以继续选择操作对象，或进行其他操作或设置)

(3) 窗交(C)：将与矩形选择窗口边界相交的对象进行延伸。执行该选项，AutoCAD 提示：

指定第一个角点：(确定窗口的第一角点)

指定对角点：(确定窗口的另一角点，AutoCAD 将被延伸对象延伸到对应边界边对象)

选择要延伸的对象，或按住 Shift 键选择要修剪的对象，或

[栏选(F)/窗交(C)/投影(P)/边(E)/删除(R)/放弃(U)]：↵(也可以继续选择操作对象，或进行其他操作和设置)

(4) 投影(P)：确定执行延伸操作的空间。

(5) 边(E)：确定延伸模式。执行该选项，AutoCAD 提示：

输入隐含边延伸模式[延伸(E)/不延伸(N)]<延伸>：

延伸(E)：如果边界边太短，被延伸对象延伸后并不能与其相交，AutoCAD 会自动将边界边延长，使延伸对象延长到与其相交的位置。

不延伸(N)：表示按边的实际位置进行延伸，不对边界进行延长。在此设置下，如果边界边太短，有可能不能实现延伸。

(6) 放弃(U)：取消上一次的操作。

【例 4-11】 将图 4-16(a)所示图形中的线段 EF 和 GH 向左右延伸至 AB 和 CD，结果如图 4-16(b)所示。

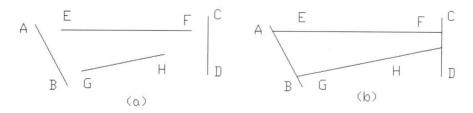

图 4-16　延伸

操作步骤如下：

执行【延伸】命令后，AutoCAD 提示：

> 命令：_extend
>
> 当前设置：投影 = UCS，边 = 无
>
> 选择边界的边...
>
> 选择对象或 <全部选择>：找到 1 个(AB)
>
> 选择对象：找到 1 个(CD)，总计 2 个(AB 和 CD)
>
> 选择对象：
>
> 选择要延伸的对象，或按住 Shift 键选择要修剪的对象，或
>
> [栏选(F)/窗交(C)/投影(P)/边(E)/放弃(U)]: (选择 E、F、H、G)

4.3.3 倒角

【倒角】命令用于给指定对象添加倒角。

1. 命令

(1) "修改"工具栏：◸。

(2) 命令栏：【修改】→【倒角】。

(3) 命令行：Chamfer(Ch)↵。

2. 说明

执行【倒角】命令后，AutoCAD 会出现提示：

> 命令：_chamfer
>
> ("不修剪"模式)当前倒角距离 1 = 1.0000，距离 2 = 2.0000
>
> 选择第一条直线或 [放弃(U)/多段线(P)/距离(D)/角度(A)/修剪(T)/方式(E)/多个(M)]:

执行【倒角】命令时，一般应先响应"距离(D)""角度(A)"选项，设置倒角尺寸。如果将两个倒角距离设为不同的值，那么选择的第一条和第二条直线分别按第一和第二倒角距离倒角。如果将两个倒角距离设为 0，则可以修剪或延伸两条倒角直线，使它们相交。

选择第一条直线：指定定义倒角所需的两条边中的第一条边。

选择第二条直线，或按住 Shift 键选择要应用角点的对象：如果用户选择第二条直线，则按当前设置进行倒角。

如果按住 Shift 键并选择对象，会创建一个锐角。如果选择直线或多段线，它们的长度将被调整以适应倒角线。如果选择对象时按住 Shift 键并选择第二条直线，则会用 0 值替代当前的倒角距离，使两条直线相交。

多段线(P)：对二维多段线倒角，而且是一次完成各顶角的倒角。

距离(D)：指定倒角的距离。

角度(A)：根据倒角长度和角度设置倒角尺寸，其中角度为"绝对值"，如图 4-17(a)所示。

修剪(T)：指定倒角后是否对倒角边进行修剪，如图 4-17(b)、(c)所示。

方式(E)：选择修剪方法，"距离"法或"角度"法，默认上一次操作的方式。

多个(M)：连续某一方式的操作，完成多处的倒角。

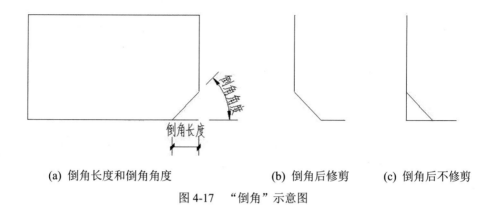

(a) 倒角长度和倒角角度　　　　　　(b) 倒角后修剪　　　(c) 倒角后不修剪

图 4-17　"倒角"示意图

4.3.4　圆角

【圆角】命令用于在两个对象(直线或曲线)之间绘制出圆角，如图 4-18 所示。

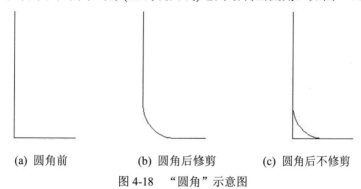

(a) 圆角前　　　　　　(b) 圆角后修剪　　　　　(c) 圆角后不修剪

图 4-18　"圆角"示意图

1. 命令

(1) "修改"工具栏：　。

(2) 菜单栏：【修改】→【圆角】。

(3) 命令行：Fillet(F)↵。

2. 说明

执行【圆角】命令时，一般应先响应"半径(R)"选项，设置圆角半径。

如果将圆角半径设为 0，则可以修剪或延伸两条倒角直线，使它们相交。执行【圆角】命令后，AutoCAD 会出现提示：

　　命令; _fillet
　　当前设置：模式 = 不修剪，半径 = 0.0000
　　选择第一个对象或 [放弃(U)/多段线(P)/半径(R)/修剪(T)/多个(M)]:

选择第一个对象：指定用于创建圆角的第一个对象。

选择第二个对象或按住 Shift 键并选择要应用角点的对象：如果用户选择第二个对象，则按当前设置进行圆角。若按住 Shift 键并选择对象，则这两个对象相交，相当于创建 0 半径的圆角。

多段线(P)：对二维多段线圆角。

半径(R)：指定圆角的半径。

修剪(T)：指定圆角后是否对倒角边进行修剪，如图 4-18(b)、(c)所示。

多个(M)：创建圆角后，可以继续对其他对象圆角。

放弃(U)：放弃已进行的设置等操作。

4.3.5　分解

【分解】命令用于将复合对象(多段线、多线、用【矩形】命令绘制的矩形、正多边形、图块、填充图案、尺寸标注等)分解(炸开)为独立对象。

1. 命令

(1) "修改"工具栏：。

(2) 菜单栏：【修改】→【分解】。

(3) 命令行：Explode↵。

2. 命令说明

执行【分解】命令后，AutoCAD 会出现提示：

命令：_explode

选择对象：(选择要分解的对象)

选择对象：(继续选择要分解的对象，或↵)

分解后对象的颜色、线型和线宽都可能会改变。

本　章　小　结

本章主要对 AutoCAD 软件的二维图形修改命令进行了介绍，主要包括复制、偏移、镜像、阵列、移动、旋转、缩放、拉伸、拉长、修剪、延伸、倒角、圆角与分解等 14 个绘制命令。本章的学习重点是：① 利用偏移命令绘制建筑平面图轴网；② 镜像后删除源对象的操作方法；③ 矩形阵列时行偏移和列偏移的设置；④ 缩放命令与实时缩放命令的区别；⑤ 使用窗交方式修剪图形；⑥ 执行圆角命令时的半径设置。本章的学习难点是：① 环形阵列的参数设置；② 利用阵列、多边形、圆弧、填充命令绘制复杂花瓣；③执行倒角命令时，距离和角度选项的设置。

练　习　题

1. 阵列命令中，矩形阵列和环形阵列有何不同？分别在什么时候使用？

2. 缩放命令和视图缩放有何不同？

3. 在修剪和延伸命令中，空格键有什么作用？

4. 使用圆角命令时，如何设置圆角半径？

5. 分解命令和创建块命令是两个功能相反的命令吗？分别在什么情况下使用？

6. 绘制图 4-19 所示的楼梯底层平面图(不标注尺寸)。

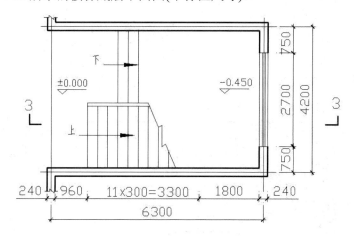

图 4-19　楼梯底层平面图

7. 绘制如图 4-20 所示的沙发(不标注尺寸)。

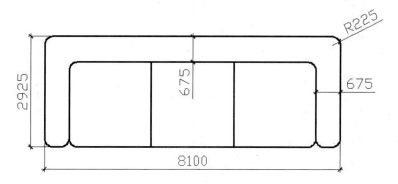

图 4-20　沙发

8. 绘制如图 4-21 所示的电梯门洞包口详图(不标注尺寸)。

9. 使用正多边形、圆、阵列、圆的三相切等命令绘制图 4-22。

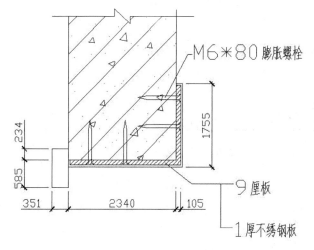

图 4-21　电梯门洞包口详图

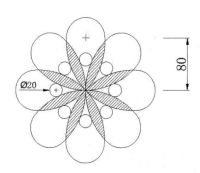

图 4-22　花瓣

10. 绘制如图 4-23 所示的卫生间详图。

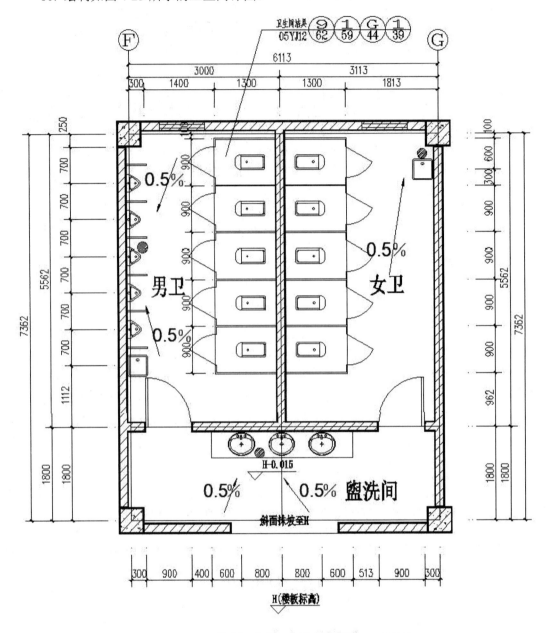

图 4-23 卫生间详图

第 5 章　AutoCAD 视图与标注管理

【知识框架及要求】

知识要点	细节要求	水平要求
视图管理	① 缩放、实时平移 ② 重画、重生成/全部重生成 ③ 全屏显示	熟练 了解 熟练
标注管理	① 线性、对齐、基线、连续标注 ② 半径、直径、角度标注 ③ 设置标注样式	熟练 熟练 熟练

5.1　视　图　管　理

在 AutoCAD 绘制图形过程中，为了更方便地观察视图与绘图，常常需要对视图进行缩放、平移、全屏显示、重画和重生成等管理。这些功能可以通过使用菜单栏中的"视图"管理工具来实现。本节介绍建筑工程图绘制过程中常用的几种视图管理命令。

CAD 视图与标注

5.1.1　视图缩放

视图缩放简称缩放，它只是在视觉上对视图进行缩放，并不影响图形的实际尺寸大小。这是一个非常常用、方便的图形管理命令。

1. 调用方法

缩放命令的调用方法有以下几种：①点击"标准"工具栏按钮；②菜单栏【视图】→【缩放】；③在命令行输入 ZOOM(Z)。

2. 命令说明

执行【Zoom】命令后，会出现命令提示：

　　　指定窗口的角点，输入比例因子(nX 或 nXP)，或者

　　　[全部(A) /中心(C) /动态(D) /范围(E) /上一个(P) /比例(S) /窗口(W) /对象(O)] <实时>：

在操作中最常用的显示缩放是"全部" 全部(A)、"窗口" 窗口(W)、"实时" 实时(R)

和"上一步"（ 上一步(P)）。其含义如下：

指定窗口角点：提示用户在屏幕上选取两个点，作为矩形窗口的角点，AutoCAD 矩形窗口内的图形放大至占满整个屏幕。

输入比例因子(nX 或 nXP)：用于直接输入缩放比例，并以视区中心作为缩放基准进行缩放。比例因子有 3 种形式：

(1) 单一数字 n：相对图形的实际尺寸缩放 n 倍(不管当前屏幕显示是何比例)。如输入"3"，则将图形按实际尺寸放大 3 倍进行显示。

(2) 数字加 X(nX)：这时图形将按该比例值实现相对缩放，即相对当前视图大小(即当前屏幕界限内所显示的那部分图形)缩放 n 倍。如输入"2X"，则将当前视图放大 2 倍进行显示。

(3) 数字加 XP(nXP)：在图纸空间进行缩放所采用的方式，它相对于图纸空间缩放模型空间图形。如在图纸空间启动该命令，输入"0.1XP"，则将模型空间的图形缩小 10 倍显示在图纸空间中。

全部(A)：当前屏幕显示的是以【Limits】(图形界限)命令定义的范围。一般在设置了图形界限以后，首先要运行【Zoom】命令，并选择该选项。在绘制大尺寸图形时，该选项最为常用。

中心点(C)：指定新的显示中心、缩放比例或屏幕窗口高度显示图形。可指定屏幕新中心点，AutoCAD 将新指定的中心点显示在绘图窗口的中心位置(不重新指定则采用原中心点)可输入缩放比例 nX，AutoCAD 将按该比例 n 缩放；可输入高度值 n(不跟 X 的数字)，AutoCAD 将缩放图形，并使绘图窗口中显示图形的高度为输入值。

动态(D)：该选项可实现动态缩放和平移两种功能。

范围(E)：该选项以所绘图形的最大轮廓为界限在屏幕上显示。

上一步(P)：用于恢复上一次显示的图形画面。

比例(S)：该选项功能同"输入比例因子(nX 或 nXP)"选项。

窗口(W)：该选项功能同"指定窗口角点"选项。

实时(R)：实时缩放。选择该选项时，屏幕将出现放大镜标志。按住鼠标左键并在绘图窗口内上、下移动，可使图形实时放大(向上)或缩小(向下)。按 Esc 键或用右键快捷菜单可退出实时缩放状态。

3. 操作技巧

(1) 转动鼠标滑轮，可进行实时缩放。

(2) 在标准工具栏中，单击【缩放窗口】按钮，然后在屏幕上选取两个点(作为矩形的对角点)形成一矩形窗口，此矩形窗口内的图形可放大至整个屏幕。

5.1.2　实时平移

对图形进行实时平移，改变窗口中图形的位置。

1. 调用方法

实时平移命令的调用方法有以下几种：① 按住鼠标中轮；② "标准"工具栏 ；③ 菜单栏【视图】→【平移】→【实时】④ 命令行：Pan(P)。

2. 命令说明

一般采用前两种方法。

5.1.3　视图重画

在绘图过程中，有时会在屏幕上留下一点标记。使用视图重画命令可以清除屏幕上残留的点标记"痕迹"。当系统变量 Blipmode(标记模式)设置为 ON 时，屏幕上才会出现"点痕迹"，AutoCAD 系统默认系统变量 Blipmode 为 OFF。

1. 调用方法

视图重画命令的调用方法有以下几种：① 菜单栏【视图】→【重画】；② 命令行：Redraw↵。

2. 命令说明

一般采用第 1 种方法。实时缩放与实时平移操作也可以清除屏幕上残留的点标记"痕迹"。

5.1.4　视图重生成/全部重生成

重生成指 AutoCAD 重新计算数据后重新生成图形并刷新显示当前窗口。全部重生成是重新生成图形并刷新所有窗口。

1. 调用方法

视图重生成/全部重生成命令的调用方法有以下几种：① 菜单栏【视图】→【重生成/全部重生成】；② 命令行：Regen/Regenall↵。

2. 命令说明

(1) 一般采用第 1 种方法。重生成的速度比重画的速度慢。

(2) 在执行显示缩放时，有时图中被放大的圆、圆弧等曲线会变为折线状，这时可执行重生成命令或增大显示精度值使其光滑。

5.1.5　全屏显示

调用方法为菜单栏【视图】→【全屏显示】，调用该命令后可以全屏显示绘图区域，有利于更详细进行图形观察。调用【全屏显示】命令时，菜单栏、命令行和状态栏依然在屏幕中显示，依然可以对图形进行绘制、编辑和管理等操作。

5.2　标 注 管 理

建筑工程图中，图形表达的是设计对象的形状与相互位置关系，而它们的大小及准确位置则需要用尺寸来注明。因此，使用 AutoCAD 绘制建筑工程图时，除了掌握绘图、修改等知识和技能外，还必须掌握尺寸标注的相关知识和操作方法。本节将阐述尺寸标注样式的设置、管理与标注方法等内容。

5.2.1 几个常用标注类型

1. 尺寸标注

标注是向图形中添加测量注释的过程。用户可以为各种对象沿各个方向创建标注。基本的标注类型包括线性、径向(半径和直径)、角度、坐标、弧长等。线性标注可以是水平、垂直、对齐、旋转、基线或连续。图 5-1 列出了几种示例。

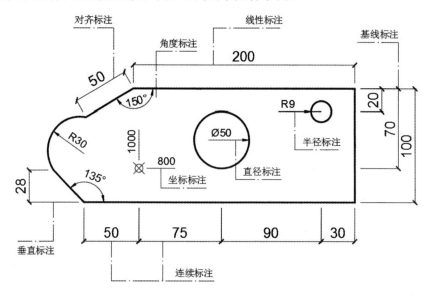

图 5-1　标注类型示例

建筑标注具有以下几种独特的元素：尺寸数字、尺寸线、尺寸起止符号和尺寸界线，如图 5-2 所示。

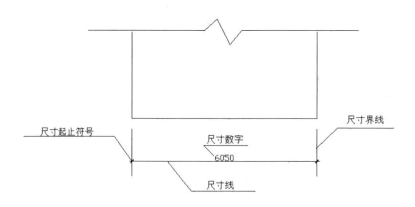

图 5-2　建筑标注元素

(1) 尺寸界线，也称为投影线，从部件延伸到尺寸线。尺寸线应用细实线绘制，一般应与被注长度垂直，其一端应离开图样轮廓线不小于 2 mm，另一端宜超出尺寸线 2～3 mm。图样轮廓线可用作尺寸界线，如图 5-3 所示。

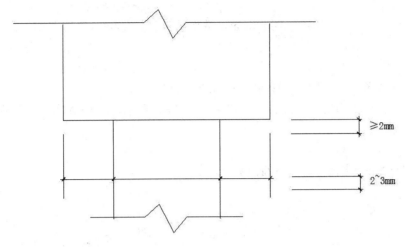

图 5-3　尺寸界线

(2) 尺寸数字，是用于指示测量值的字符串。尺寸数字还可以包含前缀、后缀和公差。尺寸数字一般应依据其方向注写在靠近尺寸线的上方中部。如没有足够的注写位置，最外边的尺寸数字可注写在尺寸界线的外侧，中间相邻的尺寸数字可错开注写，如图 5-4 所示。

图 5-4　尺寸数字的注写位置

(3) 尺寸起止符号，也称为终止符号，显示在尺寸线的两端。互相平行的尺寸线，应从被注写的图样轮廓线由近向远整齐排列，较小尺寸应离轮廓线较近，较大尺寸应离轮廓线较远。总尺寸的尺寸界线应靠近所指部位，中间的分尺寸的尺寸界线可稍短，但其长度应相等，如图 5-5 所示。

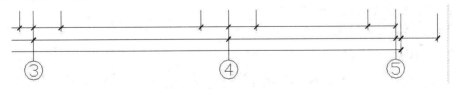

图 5-5　尺寸的排列

2. 线性标注

线性标注可以水平、垂直或对齐放置。使用对齐标注时，尺寸线将平行于两尺寸界线原点之间的直线。基线标注和连续标注是一系列基于线性标注的连续标注。创建线性标注时，可以修改文字内容、文字角度或尺寸线的角度。

操作步骤：

菜单栏【标注】→【线性】⊢⊣线性(L)，运行【线性标注】命令，对图 5-6(a)ab 线段进行标注。

在"命令："提示下，输入 Dimlinear，并按回车键。AutoCAD 提示如下：

命令：Dimlinear

指定第一条尺寸界线原点或<选择对象>：(选择 a 点，如图 5-6(a)所示)

指定第二条尺寸界线原点：(指定点 b，如图 5-6(b)所示。)

指定尺寸线位置或 [多行文字(M)/文字(T)/角度(A)/水平(H)/垂直(V)/旋转(R)]：(移动光标进行水平标注或垂直标注)

标注文字 = 1150(或 1423)

标注好的图形如图 5-6(c)或 5-6(d)所示。

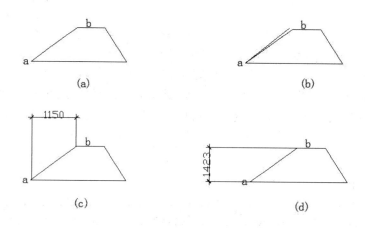

图 5-6　线性标注

其中，"指定尺寸线位置或 [多行文字(M)/文字(T)/角度(A)/水平(H)/垂直(V)/旋转(R)]"的分项功能解释如下。

多行文字(M)：显示文字编辑器，可用它来编辑标注文字。

文字(T)：在命令行自定义标注文字。

角度(A)：修改标注文字的角度。

水平(H)：创建水平线性标注。

垂直(V)：创建垂直线性标注。

旋转(R)：创建旋转线性标注。

3. 对齐标注

对齐标注可以创建与指定位置或对象平行的标注。在对齐标注中，尺寸线平行于尺寸界线原点连成的直线。

操作步骤：

菜单栏【标注】→【对齐】↖对齐(G)，运行【对齐标注】命令，对图 5-7(a)中的 ab 线段进行标注。

在"命令："提示下，输入 Dimaligned，并按回车键。AutoCAD 将提示：

指定第一条尺寸界线原点或<选择对象>：(选择 a 点，如图 5-7(a)所示)

指定第二条尺寸界线原点：(指定点 b，如图 5-7(b)所示。)

指定尺寸线位置或 [多行文字(M)/文字(T)/角度(A)]: (用鼠标确定尺寸线位置,如图 5-7(c)所示。)

标注文字 = 5277

标注好的尺寸如图 5-7(d)所示。

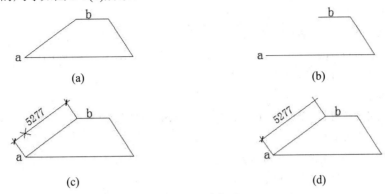

图 5-7　对齐标注

4. 基线标注与连续标注

基线标注是自同一基线外测量的多个标注。连续标注是首尾相连的多个标注。在创建基线或连续标注之前,必须创建线性、对齐或角度标注。可在当前任务中以最近创建的标注为基础以增量方式创建基线标注。基线标注和连续标注如不指定另一点作为原点,其尺寸都是从上一个尺寸界线处测量的,如图 5-8 所示。

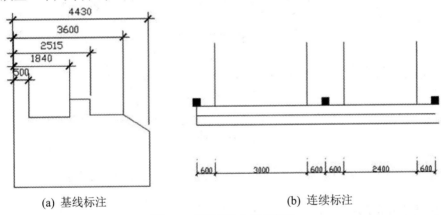

(a) 基线标注　　　　　　　　　　　(b) 连续标注

图 5-8　基线标注与连续标注

5. 半径标注、直径标注与角度标注

半径标注是对圆或圆弧进行半径注释,调用方法为:菜单栏【标注】→【半径】◎ 半径(R)。直径标注是对圆或圆弧进行直径注释,调用方法为:菜单栏【标注】→【直径】◎ 直径(D)。角度标注是对圆或圆弧进行角度注释,调用方法为:菜单栏【标注】→【角度】△ 角度(A)。下面以对图 5-9 中图形进行半径标注、直径标注与角度标注为例,介绍三个命令的操作步骤。

命令:_dimradius

选择圆弧或圆: (半径标注弧 BC)

标注文字 = 6

指定尺寸线位置或 [多行文字(M)/文字(T)/角度(A)]: (指定如图 5-9 所示 "R6" 位置)

命令: DIMRADIUS

选择圆弧或圆: (半径标注弧 DE)

标注文字 = 3

指定尺寸线位置或 [多行文字(M)/文字(T)/角度(A)]: (指定如图 5-9 所示 "R3" 位置)

命令: _dimdiameter

选择圆弧或圆: (直径标注圆 O)

标注文字 = 20

指定尺寸线位置或 [多行文字(M)/文字(T)/角度(A)]: (指定如图 5-9 所示 "φ20" 位置)

命令: _dimangular

选择圆弧、圆、直线或 <指定顶点>: (角度标注∠EFG, 选择该角一个边)

选择第二条直线: (选择该角第二个边)

指定标注弧线位置或 [多行文字(M)/文字(T)/角度(A)/象限点(Q)]:

标注文字 = 120

命令: _dimangular

选择圆弧、圆、直线或 <指定顶点>: (角度标注弧 GA)

指定标注弧线位置或 [多行文字(M)/文字(T)/角度(A)/象限点(Q)]: (指定如图 5-9 所示 "61°"
位置)

标注文字 = 61

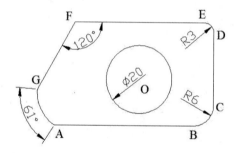

图 5-9　半径标注、直径标注与角度标注(AG 画法要单独说明)

5.2.2　新建标注样式

尺寸标注样式控制着尺寸标注的外观，AutoCAD 提供了一种名为 "IS0-25" 的缺省标注样式，该样式的部分设置不符合我国《房屋建筑制图标准》(GB/T 50001-2001)的相关规定，因而需要用户对其进行相应的修改，从而创建符合我国标准规定的尺寸标注样式。

1. 调用标注样式

创建和管理标注样式最直观和便捷的方法是通过 "标注样式管理器" 对话框，下面绍 "标注样式管理器" 的功能、调用和具体操作方法。

三种调用方法分别为：① 菜单栏【标注】→【标注样式】 标注样式(S)…；② 菜单栏【格式】→【标注样式】 标注样式(D)…；③ 命令行：DimsLyle(D)。

调用【标注样式】命令后，出现如图 5-10 所示 "标注样式管理器" 对话框。

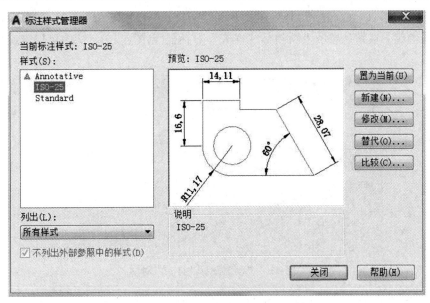

图 5-10　"标注样式管理器"对话框

2. 标注样式管理器说明

图 5-10 "标注样式管理器"对话框中各选项含义及设置方法如下：

(1) "当前标注样式"：显示当前标注样式的名称，默认标注样式为 IS0-25，当前样式将应用于所创建的标注。

(2) "样式(S)"列表框：列出图形中的标注样式，当前样式被亮显。在列表中单击鼠标右键可显示快捷菜单及选项，可用于设置当前标注样式、重命名样式和删除样式，不能删除当前样式或当前图形使用的样式。

(3) "列出(L)"下拉列表框：在"样式"列表中控制样式显示，如果要查看图形中所有的标注样式，请选择"所有样式"。如果只希望查看图形中标注当前使用的标注样式，请选择"正在使用样式"。

(4) "不列出外部参照中的样式"复选框：如果选择此选项，将不在"样式"列表中显示外部参照图形的标注样式。

(5) "预览"图文窗口：显示"样式"列表中选定样式的图示。

(6) "说明"窗口：说明"样式"列表中与当前样式相关的选定样式，如果说明超出给定的空间，可以单击窗格并使用箭头键向下滚动。

(7) 【置为当前(U)】按钮：将在"样式"下选定的标注样式设置为当前标注样式。当前样式将应用于所创建的标注。

(8) 【新建(N)】按钮：显示"创建新标注样式"对话框(见图 5-11)，从中可以定义新的标注样式。

①　"新样式名(N)"文本框：指定新的标注样式名，如图 5-11 中的"001"。

②　"基础样式(S)"下拉列表框：选择新样式的基础样式。对于新样式，仅修改那些与基础不同的设置。

③　"用于(U)"下拉列表框：创建一种适用于所有标注的样式或仅适用于特定标注类

型的标注子样式，例如，在"001"样式下可以创建一个仅用于角度标注的子样式。

④【继续】按钮：显示"新建标注样式"对话框(见图 5-12)，从中可以定义新的标注样式特性。

图 5-11　"创建新标注样式"对话

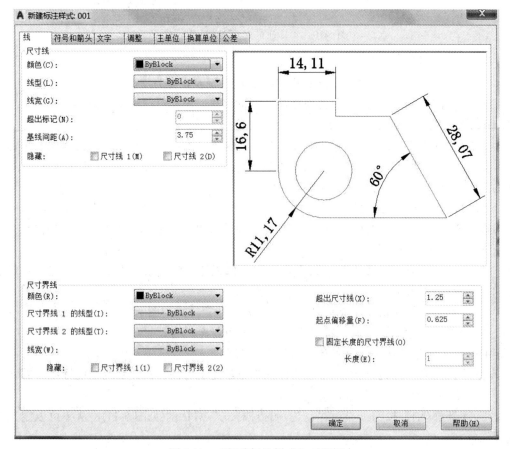

图 5-12　"新建标注样式"对话框

(9)【修改(M)】按钮：显示"修改标注样式"对话框，从中可以修改标注样式，对话框选项与"新建标注样式"对话框中的选项相同。

(10)【替代(O)】按钮：显示"替代当前样式"对话框，从中可以设置标注样式的临时替代，对话框选项与"新建标注样式"对话框中的选项相同，替代将作为未保存的更改结果显示在"样式"列表中的标注样式下。

(11)【比较(C)】按钮：显示"比较标注样式"对话框，从中可以比较两个标注样式或列出一个标注样式的所有特性，用于比较两个标注样式，其比较结果显示在对话框下方的列表中。

5.2.3　设置标注样式

如图 5-12 所示，"新建标注样式"对话框顶部有 6 个选项卡，这里主要介绍建筑工程图中常用的"线、符号和箭头、文字、主单位"四个选项卡。

1. "线"选项卡设置尺寸线、尺寸界线的格式和特性

1)"尺寸线"选项区

(1) 颜色(C)：显示并设置尺寸线的颜色，如果单击"选择颜色"(在颜色列表的底部)，将显示"选择颜色"对话框，也可以输入颜色名或颜色号，可以从 255 种 AutoCAD 颜色索引(ACI)颜色、真彩色和配色系统颜色中选择颜色。

(2) 线型(L)：设置尺寸线的线型。

(3) 线宽(G)：设置尺寸线的线宽。

(4) 超出标记(N)：指定当箭头使用倾斜、建筑标记和无标记时尺寸线超过尺寸界线的距离。

(5) 基线间距(A)：设置基线标注的尺寸线之间的距离。

(6) "隐藏"复选框：不显示尺寸线，"尺寸线 1"隐藏第一条尺寸线，"尺寸线 2"隐藏第二条尺寸线。

2)"尺寸界线"选项区

(1) 颜色(R)：设置尺寸界线的颜色，与尺寸线颜色性质相同。

(2) 尺寸界限 1(I)：设置第一条尺寸界线的线型。

(3) 尺寸界限 2(T)：设置第二条尺寸界线的线型。

(4) 线宽：设置尺寸界线的线宽。

(5) "隐藏"复选框：不显示尺寸界线，"尺寸界线 1"隐藏第一条尺寸界线，"尺寸界线 2"隐藏第二条尺寸界线。

(6) 超出尺寸线(X)：指定尺寸界线超出尺寸线的距离。

(7) 起点偏移量(F)：设置自图形中定义标注的点到尺寸界线的偏移距离。

(8) "固定长度的尺寸界线"单选框：启用固定长度的尺寸界线。

(9) 长度(E)：设置尺寸界线的总长度，起始于尺寸线，直到标注原点。

(10) 预览区：显示样例标注图像，它可显示对标注样式设置所做更改的效果。

2. "符号和箭头"选项卡

图 5-13 所示为"符号和箭头"选项卡，用于设置箭头、圆心标记、折断标注、弧长符号、半径折弯标注、线性折弯标注的格式和位置。

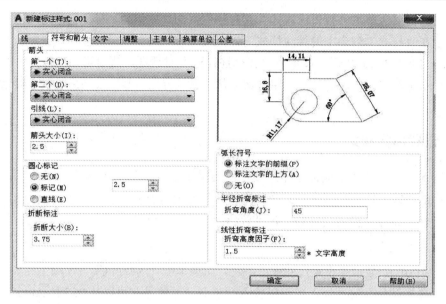

图 5-13　"符号和箭头"选项卡

1)"箭头"选项区

(1) 第一个(T)：设置第一条尺寸线的箭头，当改变第一个箭头的类型时，第二个箭头将自动改变以同第一个箭头相匹配。

(2) 第二个(D)：设置第二条尺寸线的箭头。

(3) 引线(L)：设置引线箭头。

(4) 箭头大小(I)：显示和设置箭头的大小。

2)"圆心标记"选项区

(1) 无(N)：不创建圆心标记或中心线。

(2) 标记(M)：创建圆心标记。

(3) 直线(E)：创建中心线。

(4) 大小(S)：显示和设置圆心标记或中心线的大小。

3)"弧长符号"选项区

(1) 标注文字的前缀(P)：将弧长符号放置在标注文字之前。

(2) 标注文字的上方(A)：将弧长符号放置在标注文字的上方。

(3) 无(O)：隐藏弧长符号。

4)"半径折弯标注"选项区

控制折弯(Z 型)半径标注的显示。折弯半径标注常在圆或圆弧的中心点位于页面外部时创建。

折弯角度(J)：确定折弯半径标注中尺寸线的横向线段的角度。

5)"线性折弯标注"选项区

控制线性折弯标注的显示。当标注不能精确表示实际尺寸时，通常将折弯线添加到线性标注中。

6) 预览区

显示样例标注图像，它可显示对标注样式设置所做更改的效果。

3. "文字"选项卡

图 5-14 所示为"文字"选项卡，用于设置标注文字的格式、放置和对齐。

图 5-14 　"文字"选项卡

1) "文字外观"选项区

(1) 文字样式(Y)：显示和设置当前标注文字样式，可从下拉列表中选择一种样式。要创建和修改标注文字样式可单击列表旁边的 按钮进行设置。

(2) 文字颜色(C)：设置标注文字的颜色。

(3) 填充颜色(L)：设置标注文字的背景颜色，如果单击"选择颜色"(在"颜色"列表的底部)，将显示"选择颜色"对话框，也可以输入颜色名或颜色号。

(4) 文字高度(T)：设置当前标注文字样式的高度，可在文本框中输入值，如果在"文字样式"中将文字高度设置为固定值(即文字样式高度大于 0)，则该高度将替代此处设置的文字高度，如果要使用在"文字"选项卡上设置的高度，请确保"文字样式"中的文字高度设置为 0。

(5) 分数高度比例(H)：设置相对于标注文字的分数比例，仅当在"主单位"选项卡上选择"分数"作为"单位格式"时，此选项才可用，输入后，分数高度为输入值乘以文字高度。

(6) 绘制文字边框(F)：选择此选项将在标注文字周围绘制一个边框。

2) "文字位置"选项区

(1) 垂直(V)：控制标注文字相对尺寸线的垂直位置。

居中：将标注文字放在尺寸线的两部分中间。

上方：将标注文字放在尺寸线上方。

外部：将标注文字放在尺寸线上远离第一个定义点的一边。

(2) 水平(Z)：控制标注文字在尺寸线上相对于尺寸界线的水平位置。

居中：将标注文字沿尺寸线放在两条尺寸界线的中间。

第一条尺寸界线上方：沿第一条尺寸界线放置标注文字或将标注文字放在第一条尺寸界线之上。

第二条尺寸界线上方：沿第二条尺寸界线放置标注文字或将标注文字放在第二条尺寸界线之上。

第一条尺寸界线：沿尺寸线与第一条尺寸界线左对正，尺寸界线与标注文字的距离是箭头大小加上文字间距之和的两倍。

第二条尺寸界线：沿尺寸线与第二条尺寸界线右对正。

(3) 从尺寸线偏移(O)：设置当前文字间距，文字间距是指当尺寸线断开以容纳标注文字时标注文字周围的距离，此值也用作尺寸线段所需的最小长度。只有当生成的线段至少与文字间隔同样长时，才会将文字放置在尺寸界线内侧；只有当箭头、标注文字以及页边距有足够的空间容纳文字间距时，才将尺寸线上方或下方的文字置于内侧。

3) "文字对齐"选项区

(1) 水平：水平放置文字。

(2) 与尺寸线对齐：文字与尺寸线对齐。

(3) ISO 标准：当文字在尺寸界线内时，文字与尺寸线对齐；当文字在尺寸界线外时，文字水平排列。

4) 预览区：显示标注样例图像，它可显示对标注样式设置所做更改的效果。

4. "主单位"选项卡

"主单位"选项卡设置主标注单位的格式和精度，并设置标注文字的前缀和后缀，如图 5-15 所示。

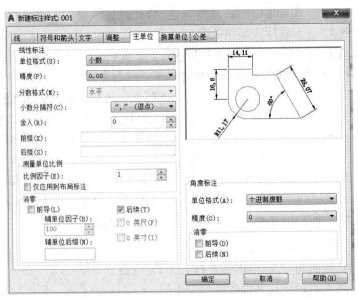

图 5-15　"主单位"选项卡

建筑工程图中主要设置"线性标注"选项区，包括以下选项：

(1) 单位格式(U)：设置除角度之外的所有标注类型的当前单位格式。

(2) 精度(P)：显示和设置标注文字中的小数位数。

(3) 分数格式(M)：设置分数格式。

(4) 小数分隔符(C)：设置用于十进制格式的分隔符。

(5) 舍入(R)：为除角度之外的所有标注类型设置标注测量值的舍入规则。如果输入0.25，则所有标注距离都以 0.25 为单位进行舍入；如果输入 1.0，则所有标注距离都将舍入为最接近的整数，小数点后显示的位数取决于"精度"设置。

(6) 前缀(X)：在标注文字中包含前缀，可以输入文字或使用控制代码显示特殊符号，例如，输入控制代码"%%C"显示直径符号。当输入前缀时，将覆盖直径和半径等标注中使用的任何默认前缀；如果指定了公差，前缀将添加到公差和主标注中。

(7) 后缀(S)：在标注文字中包含后缀，可以输入文字或使用控制代码显示特殊符号，输入的后缀将替代所有默认后缀。

5. 常见标注样式设置顺序。

绘制建筑工程图时，常见的标注样式设置顺序是：①【主单位】→【精度】= 0；②【文字】→【文字高度】、【从尺寸线偏移】；③【符号和箭头】→【第一个】选择"建筑标记"、【箭头大小】；④【线】→【超出尺寸线】、【起点偏移量】。

选项的具体大小设置由图形的尺寸大小决定，可以多次估计设置，再根据预览图、实际标注情况决定是否继续修改，直到合适为止。

本 章 小 结

本章主要对 AutoCAD 软件的二维视图管理与标注管理进行了介绍。视图管理主要包括对视图进行缩放、平移、全屏显示、重画和重生成等动作。标注管理主要包括尺寸标注样式的设置、管理与标注的方法等。本章的学习重点是：① 用 zoom + A 操作查看全部视图；② 用窗口 W 操作查看框选视图；③ 全屏显示的视图操作；④ 尺寸标注样式的设置；⑤ 线性标注；⑥ 对齐标注。本章的学习难点是：① 尺寸标注样式中对尺寸数字、尺寸线、尺寸起止符号和尺寸界线等元素的设置；② 连续标注；③ 基线标注；④ 圆弧的角度标注；⑤ 新建标注样式时主单位、文字、符号和箭头、线的设置。

练 习 题

1. 对图形进行缩放时，命令行提示"已无法进一步缩小"，此时仍不能看到图形全貌，应该如何处理？

2. 绘制图形时，有时需要在屏幕上对局部图形进行最大限度的观察，应该如何处理？

3. 绘制图形时，如何全屏显示图形？

4. 对图 5-9 所示图形进行半径标注、直径标注与角度标注。

5. 按照图 5-16 所示，进行尺寸标注。

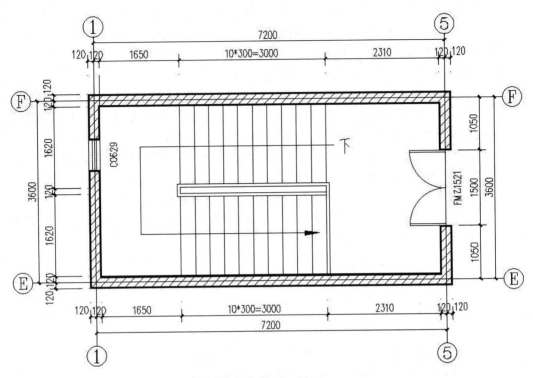

3#楼梯六层平面图　1:50

图 5-16　尺寸标注

6. 按照图 5-17 所示，对洗手池进行尺寸标注。

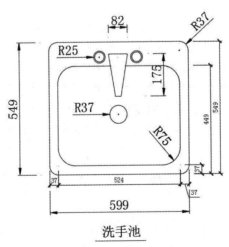

洗手池

图 5-17　洗手池尺寸标注

第二篇

绘制建筑与土木工程施工图

第6章　施工图设计说明与总平面图

【知识框架及要求】

知识要点	细节要求	水平要求
施工图设计说明	① 设计说明的概念 ② 设计说明的内容	熟悉 熟悉
总平面图	① 总平面图的概念 ② 总平面图的内容 ③ 绘制步骤	熟悉 熟悉 熟练

6.1　施工图设计说明

6.1.1　施工图设计说明的概念

施工图设计总说明

在施工图纸上，有些内容如技术标准、质量等级等具体要求无法用线型或者符号表示，而需要用文字加以说明，这就是施工图设计说明的由来。

设计说明就是这套图纸的大纲、设计依据和建筑依据，施工人员打开图纸的时候首先要看的就是设计说明，这样就能明白施工中应该注意的主要问题。设计说明主要包括以下内容：

(1) 建筑工程概况：如建筑名称、建设地点、建设单位。

(2) 技术指标：如建筑面积、建筑工程等级、设计使用年限、建筑层数、建筑高度、耐火等级、人防工程防护等级、屋面防水等级、地下室防水等级、抗震设防烈度等。

(3) 专项设计：如消防、人防、无障碍、节能等。

(4) 基本做法：如墙体、防水防潮、门窗等，细分还包括外墙涂料种类、门窗材质、地面及楼面做法等。

(5) 注意事项：如玻璃幕墙、电梯、涉及室内外装饰工程等需要特别注明。

(6) 节能保温：外墙及屋顶的保温做法及材料。

(7) 设计依据：设计规范等。

6.1.2　施工图设计说明的绘制

施工图设计说明的绘制用到的 AutoCAD 命令主要是【多行文字】，但实际上更重要的是设计说明中的文字内容。下面以图 6-1 为例，简要说明利用 AutoCAD 绘制施工图设计说明的方法。

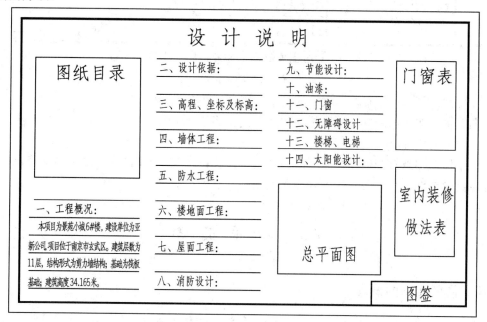

图 6-1　施工图设计说明

步骤一：绘制图纸目录

一个建筑工程项目的设计是由一套图纸组成的，在图纸数量较多时，为了方便查找，就需要绘制图纸目录。图纸目录包括每张图纸的名称、内容、图纸编号等，表明该工程施工图由哪几个专业的图纸及哪些图纸所组成，通常列表表示。

图 6-1 中的图纸目录位于图幅左上角，利用【多行文字】和【表格】命令书写。

步骤二：绘制设计说明

设计说明由文字组成，逐行书写，整齐画线排列。图 6-1 中设计说明主要包括"工程概况、设计依据、高程、坐标及标高、墙体工程、防水工程、楼地面工程、屋面工程、消防设计、节能设计、油漆、门窗、无障碍设计、楼梯、电梯、太阳能设计"等项目。绘制方法是利用【直线】、【阵列】和【复制】命令绘制文字线，利用【多行文字】书写内容。

步骤三：绘制其他内容

在本例图 6-1 中，其他内容包括"门窗表、室内装修做法表和总平面图"。门窗表和室内装修做法表利用【表格】和【多行文字】命令绘制，总平面图在下一节进行详细介绍。

步骤四：绘制图幅线、图框线和图签

建筑工程图框主要由图框线、图幅线及图鉴组成，其图幅的尺寸和规格有严格的规定。图 6-1 为 A1 横式图幅，根据国家标准，A1 图幅的图框线宽为 1.0 mm，图幅线宽为 0.7 mm，图鉴即标题栏线宽为 0.35 mm，尺寸为 B × L = 594 mm × 841 mm，图签尺寸 140 mm × 32 mm，图签示例见图 6-2。绘制方法是利用【多段线】命令绘制图幅线、图框线和图签。

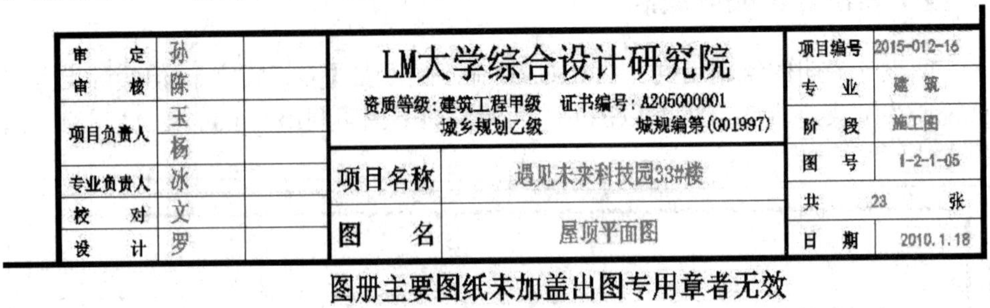

审　定	孙		LM大学综合设计研究院		项目编号	2015-012-16
审　核	陈				专　业	建筑
项目负责人	玉杨		资质等级:建筑工程甲级　证书编号:A205000001 城乡规划乙级　　　城规编第(001997)		阶　段	施工图
专业负责人	冰		项目名称	遇见未来科技园33#楼	图　号	1-2-1-05
校　对	文				共　　23　　张	
设　计	罗		图　　名	屋顶平面图	日　期	2010.1.18

图册主要图纸未加盖出图专用章者无效

图 6-2　图签示例

图幅线，是体现图纸幅面大小的线框，根据大小分为 A0、A1、A2、A3、A4。

图线框，即图纸线框，一般是图幅线向内偏距 5 mm 或 10 mm(或左边距 25 mm，上、下、右边距为 5 mm)。

由于标准图纸对图框和标题栏的要求基本一样，因此，可以把常用的图幅和标题栏保存为专门的文件，在需要时作为块插入到图中。

6.2　总　平　面　图

6.2.1　总平面图的概念

将拟建建筑物周围一定范围内的新建、拟建、原有和拆除的建筑物、构筑物连同其周围的地形地物状况，用水平投影和相应的图例画出的图样，即为建筑总平面图(或称建筑总平面布置图)，简称总平面图。

总平面图主要反映建筑所在区域的形状、大小、地形、地貌，新建建筑的具体位置、朝向、平面形状和占地面积，新建建筑与原有建筑物、构筑物、道路、绿化之间的关系。因此，总平面图是新建筑的施工定位、施工放线、土方施工及施工现场布置的重要依据，也是规划设计水、暖、电等专业工程总平面图和绘制管线综合图的依据。

6.2.2　总平面图的内容

总平面图主要包括以下内容：

1. 比例

由于总平面图所表达的范围较大，所以都采用较小的比例绘制。国家《房屋建筑制图统一标准》(GB/50001-2001)规定："总平面图应采用 1：500、1：1000 或者 1：2000 的比例绘制"。

2. 图例

由于总平面图采用较小的比例绘制，因此总平面图上的建筑、道路、桥梁、绿化等都是以图例表示的。《房屋建筑制图统一标准》中规定了总平面图中一些常用的图例。如果在总平面图中使用了"标准"中没有的图例，应在图纸的适当位置列出并加以说明。

3. 新建建筑的定位

新建建筑的具体位置，一般根据原有建筑或道路来定位，并以米为单位标注出定位尺寸。当新建成片的建(构)筑物或较大的公共建筑时，为了保证放线准确，也常用坐标来确定每一建筑物及道路转折点的位置。在地形起伏较大的地区，还应画出地形等高线等。

4. 新建建筑的朝向

用指北针来表示新建建筑的朝向及该地区常用风向频率。指北针应按"国标"规定绘制：线型用细实线绘制，圆的直径为 24 mm，指北针尾部宽度为 3 mm，如图 6-3 所示。

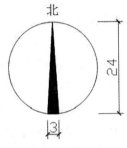

图 6-3　指北针

指北针绘制步骤：

命令: _circle
指定圆的圆心或 [三点(3P)/两点(2P)/切点、切点、半径(T)]: (图纸任一点)
指定圆的半径或 [直径(D)] <460.9679>: 12
命令: _line
指定第一个点: (指北针顶点)
指定下一点或 [放弃(U)]: (指北针底点)
命令: _offset
当前设置: 删除源 = 否　图层 = 源　OFFSETGAPTYPE = 0
指定偏移距离或 [通过(T)/删除(E)/图层(L)] <通过>: 1.5
选择要偏移的对象，或 [退出(E)/放弃(U)] <退出>: (选择直径线)
指定要偏移的那一侧上的点，或 [退出(E)/多个(M)/放弃(U)] <退出>: (点击直径线左侧)
选择要偏移的对象，或 [退出(E)/放弃(U)] <退出>: (选择直径线)
指定要偏移的那一侧上的点，或 [退出(E)/多个(M)/放弃(U)] <退出>: (点击直径线右侧)
命令: _line
指定第一个点: (指北针顶点)
指定下一点或 [放弃(U)]: (指北针左侧交点)
指定下一点或 [退出(E)/放弃(U)]:
命令: LINE
指定第一个点: (指北针顶点)
指定下一点或 [放弃(U)]: (指北针右侧交点)
指定下一点或 [退出(E)/放弃(U)]:
命令: _erase 找到 3 个删除(3 条辅助线)

命令: _hatch

(点击"添加: 拾取点"左侧按钮)

拾取内部点或 [选择对象(S)/删除边界(B)]: (拾取指北针内部点)

正在选择所有可见对象...

正在分析所选数据...

正在分析内部孤岛...

拾取内部点或 [选择对象(S)/删除边界(B)]:

命令: _mtext

当前文字样式: "Standard"　文字高度: 3　注释性: 否

指定第一角点: (指定合适点)

指定对角点或 [高度(H)/对正(J)/行距(L)/旋转(R)/样式(S)/宽度(W)/栏(C)]: 北

5. 尺寸标注和名称标注

总平面图上应标注新建建筑的总长、总宽及周围建筑、道路的间距尺寸、新建建筑室内地坪和室外平整地面的绝对标高尺寸及建(构)筑物的名称。总平面图上标注的尺寸及表格，一律以米为单位，标注精确到小数点后两位。

表达建筑各部位(如室内外地面、窗台、楼层屋面等)高度的标注方法，可以用标高符号加注尺寸数字表示，标高分为绝对标高和相对标高两种。我国把青岛附近的黄海平均海平面定为标高零点，其他各地的高程都以此为基准，得到的数值即为绝对标高；把建筑一层室内地面定为零点，建筑其他各部位的高程都以此为基准，得到的数据即为相对标高。建筑施工图中，除了总平面图外，都标注相对标高。

6.2.3　总平面图的绘制

一般建筑总平面图的绘制步骤为: ① 设置绘图环境; ② 绘制道路、围墙和大门; ③ 绘制各种建(构)筑物; ④ 绘制建筑物周围环境; ⑤ 尺寸标注和文字说明; ⑥ 加图框和标题。

本节以图 6-4 为例，说明建筑总平面图的绘制过程。

步骤一: 设置绘图环境

(1) 新建一个绘图文件。

(2) 设置绘图单位。

选择【格式】→【单位】命令，弹出"图形单位"对话框，在"长度"选项组的"类型"下拉列表框中选择"小数"选项，在"精度"下拉列表框中选择"0.00"，如图 6-5 所示。

(3) 设置图形界限。

选择【格式】→【图形界限】命令，输入图形界限的左下角及右上角位置，系统提示如下。

命令: _Limits

重新设置模型空间界限: 指定左下角点或 [开(ON)/关(OFF)]<0.00, 0.00>: 0, 0

指定右上角<420.00, 297.00>: 420, 297

这样，所设置的绘图面积为 420 mm × 297 mm，相当于 A3 图纸的大小。

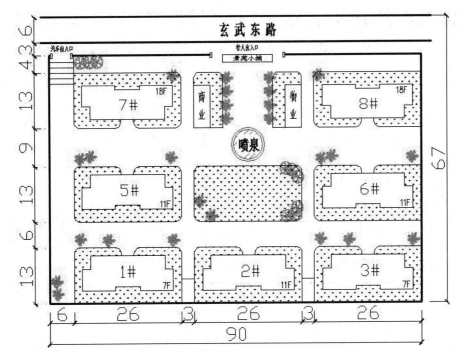

图 6-4 建筑总平面图

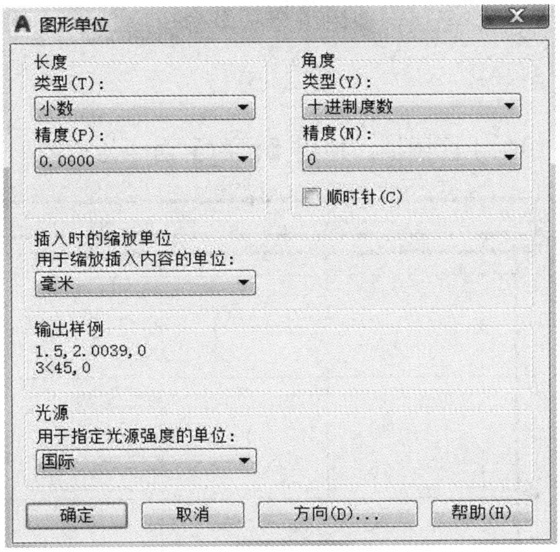

图 6-5 设置绘图单位

(4) 设置图层。

选择【格式】→【图层】命令，或者单击工具栏上的【图层】按钮，弹出"图层特性管理器"对话框。在该对话框中单击【新建图层】按钮，然后在列表区的动态文本框中输入"道路"，按回车键，完成"道路"图层的设置。用同样的方法可依次创建"新建建筑物""围墙""池塘""绿化""尺寸标注""文字说明""图框和标题"等图层。设置完成的"图层特性管理器"对话框如图 6-6 所示，整个绘图环境的设计基本完成。图层设置完成后保存文件。

图 6-6　图层设置

步骤二：绘制道路、围墙和大门

图中需要绘制小区外的城市次干道和小区内的人行道，通过平行线来表示。

(1) 绘制道路及中心线。

选择"道路"图层为当前图层，使用【直线】命令绘制小区内道路中心线和小区外城市次干道，

(2) 绘制围墙。

使用【直线】命令绘制小区围墙。使用【修剪】命令修剪图形后，得到图 6-7。

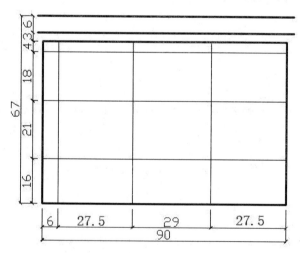

图 6-7　绘制道路中心线和围墙

(3) 绘制小区内道路出口及大门。

根据图示尺寸，使用【偏移】命令绘制小区内道路。使用【矩形】命令修剪小区汽车出入口、行人出入口(尺寸为 0.5×1)、小区大门(尺寸为 12×2)。

使用【圆角】命令修剪道路拐角，倒圆角半径为 1.5，操作顺序如下：

命令: _fillet

当前设置: 模式 = 修剪，半径 = 1.0000

选择第一个对象或 [放弃(U)/多段线(P)/半径(R)/修剪(T)/多个(M)]: r 指定圆角半径 <1.0000>:

1.5(输入倒圆角半径为 1.5)

选择第一个对象或 [放弃(U)/多段线(P)/半径(R)/修剪(T)/多个(M)]: (选择第一条直角边)

选择第二个对象，或按住 Shift 键选择要应用角点的对象: (选择第二条直角边)

多次使用【圆角】命令修剪道路拐角后，得到图 6-8 所示结果。

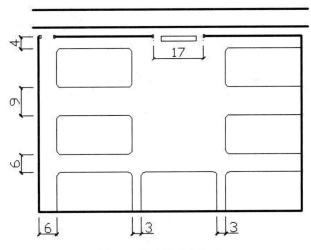

图 6-8　道路修改完毕后

步骤三：绘制各种建(构)筑物

(1) 绘制建筑物。

利用【多段线】命令绘制建筑物 5# 楼，建筑物尺寸如图 6-9 所示。利用【圆角】和【修剪】修剪道路至建筑物的入口道路。利用【复制】命令，复制其他 1# 至 8# 建筑物。

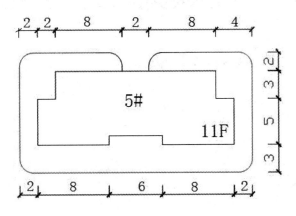

图 6-9　建筑物 5# 楼尺寸

(2) 绘制喷泉利用【圆】命令绘制喷泉，半径为 4；利用【矩形】命令绘制商业建筑物，尺寸为 4 × 10。结果如图 6-10 所示。

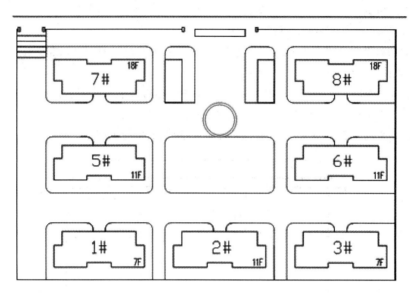

图 6-10　建筑物绘制完成

步骤四：绘制建筑物周围环境

(1) 绘制草坪。

命令：Bhatch

弹出"图案填充和渐变色"对话框，在"图案"下拉列表框中选择"GRASS"，比例输入"0.05"，"添加点"选择总平面图中绿化区域。

(2) 插入树木。

选择【插入】→【块】命令，在弹出的"插入"对话框(如图 6-11 所示)上单击【浏览】按钮，根据设计需要依次选择"梧桐"等树木，插入到绿化区域。

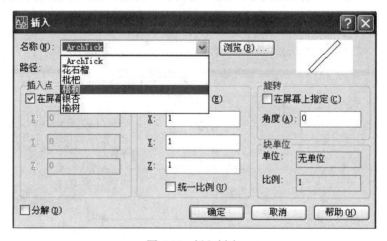

图 6-11　插入树木

注意：如果没有"梧桐、银杏、榆树"等名称选项，说明该电脑的 AutoCAD 软件没有安装这几个绿植的块模型，需要自行绘制创建块，或者下载对应块。

(3) 绘制喷泉水池。

　　　命令：circle

喷泉水池半径为 4，再向内【偏移】0.5，绘制喷泉水池完毕。

　　　命令：Bhatch

弹出"图案填充和渐变色"对话框，在"图案"下拉列表框中选择"JIS-STN-IE"，比例选择"2"，"添加点"选择总平面图中绿化区域。

步骤五：尺寸标注和文字说明

在设计需要的位置进行尺寸和文字标注，标注完后如图 6-12 所示。

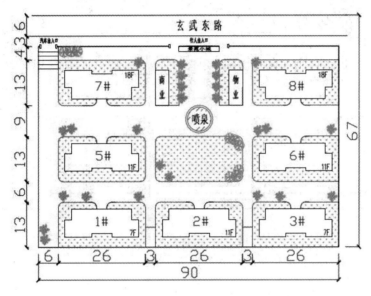

图 6-12　建筑总平面图

本 章 小 结

　　本章首先介绍了建筑与土木工程施工图设计说明的概念和内容，而后介绍了建筑总平面图的概念、内容和 AutoCAD 软件的绘制步骤。本章的学习重点是：① 施工图设计说明的涵盖内容(建筑工程概况、技术指标、专项设计、设计依据等)；② 图幅线、图框线和图签的绘制；③ 建筑总平面图的绘制顺序。本章的学习难点是：① AutoCAD 绘制建筑总平面图前图层、图形界限等的设置；② 建筑总平面图的建筑物空间布置。

练 习 题

1. 施工图设计说明的作用是什么？

2. 什么是建筑总平面图？它主要反映建筑物的什么内容？

3. 绘制图 6-13 所示的建筑总平面图，并保存为"WT6-13.dwg"文件。

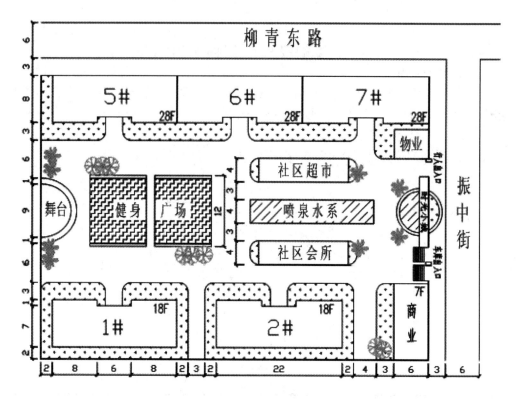

图 6-13　建筑总平面图

4. 绘制图 6-14 所示的绿化植物，并创建为块。

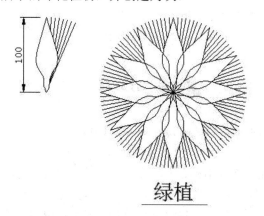

绿植

图 6-14　创建块绿植

第 7 章 建筑平面图

【知识框架及要求】

知识要点	细节要求	水平要求
平面图绘制要素	① 平面图的概念 ② 绘制顺序	熟悉 熟练
绘制过程	① 确定轴线 ② 绘制墙柱 ③ 绘制门窗和踏步等 ④ 尺寸标注 ⑤ 文字	熟练 熟练 熟练 熟练 熟练

7.1 建筑平面图绘制要素

7.1.1 建筑平面图的概念

建筑施工图的顺序一般是按平面图→立面图→剖面图→详图的顺序绘制。

建筑平面图是假想在房屋的窗台以上作水平剖切后，移去上面部分作剩余部分的正投影而得到的水平剖面图。它表示建筑的平面形式、大小尺寸、房间布置、建筑入口、门厅及楼梯布置的情况，表明墙、柱的位置、厚度和所用材料以及门窗的类型、位置等情况。主要图纸有首层平面图、二层或标准层平面图、顶层平面图、屋顶平面图等。其中，屋顶平面图是在房屋的上方、向下作屋顶外形的水平正投影而得到的平面图。

7.1.2 建筑平面图的图例与尺寸标注

根据《房屋建筑制图统一标准》的规定，建筑平面图通常采用 1∶50、1∶100、1∶200 的比例，实际工程中常用 1∶100 的比例。由于比例较小，因此门窗及细部构配件等均应按规定图例绘制。

除用图例表示外，门窗还应进行编号以区别不同规格、尺寸。用 M、C 分别表示门、窗的代号，后面的数字为门窗的编号，如 M1、M2、…，C1、C2、…。同一编号的门窗，其尺寸、形式、材料等都一样。

尺寸和标高标注：平面图上标注的尺寸有外部尺寸和内部尺寸两种，所注尺寸以 mm 为单位，标高以 m 为单位。

(1) 外部尺寸应标注三道尺寸，最外面一道是总尺寸，标注房屋的总长、总宽；中间一道是轴线尺寸，标注房间的开间和进深尺寸，是承重构件的定位尺寸；最里面一道是细部尺寸，标注外墙门窗洞、窗间墙尺寸，这道尺寸应从轴线注起。如果房屋平面图是对称的，宜在图形的左侧和下方标注外部尺寸；如果平面图不对称，则需在各个方向标注尺寸，或在不对称的部分标注外部尺寸。

(2) 内部尺寸应标注房屋内墙门窗洞、墙厚及轴线的关系、柱子截面、门垛等细部尺寸，房间长、宽方向的净空尺寸。底层平面图中还应标注室外台阶、散水等尺寸。

(3) 标高：平面图上应标注各层楼地面、门窗洞底、楼梯休息平台面、台阶顶面、阳台顶面和室外地坪的相对标高，以表示各部位对于标高零点的相对高度。

(4) 在底层平面图上应画出指北针符号，以表示房屋的朝向。底层平面图上还应画出建筑剖面图的剖切符号及剖面图的编号，以便与剖面图对照查阅。此外，屋顶平面图附近常配以檐口、女儿墙泛水、雨水管等构造详图，以配合平面图识读。凡需绘制详图的部位，均应画上详图索引符号，注明要画详图的位置、详图的编号及详图所在图纸的编号。

7.1.3　建筑平面图的绘制顺序

建筑平面图的绘制顺序如下：

(1) 绘制定位轴线(画得略长一些)，然后画出墙、柱轮廓线。

(2) 确定门窗洞口位置，画细部，如楼梯、台阶、卫生间、散水、花池等。

(3) 标注轴线编号、标高尺寸、内外部尺寸、门窗编号、索引符号并书写其他文字说明。在底层平面图中，还应画剖切符号以及在图外适当位置画上指北针图例，以表明方位。

(4) 在平面图下方写出图名及比例尺等。

7.2　建筑平面图绘制过程

本节以图 7-1 为例，说明建筑平面图的绘制过程。

由于建筑平面图包含的内容较多，因此在绘图前要将绘制内容进行简单的整理和分类。在图 7-1 中，我们可简单地将图面内容归为轴线、墙柱、门窗、尺寸标注和文字共 5 个部分，下面按照这 5 部分逐一讲解。

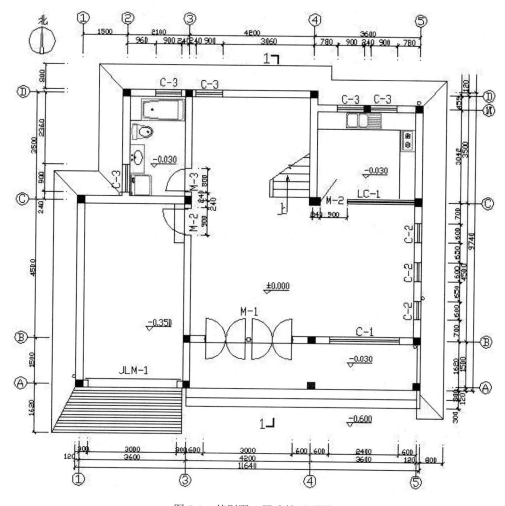

图 7-1　某别墅一层建筑平面图

7.2.1　确定轴线

定位轴线是标定房屋中点墙、柱等承重构件位置的线，它是施工时定位放线及构件安装的重要依据，所以也叫定位轴线。定位轴线是反映开间、进深的标志尺寸，常与上部构件的支承长度相吻合。凡是承重墙、柱子等主要承重构件都应画出轴线来确定其位置。定位轴线采用细点画线表示。

轴网是平面图绘制的第一步，确定平面图的整体框架，一般形状比较规则，绘制比较简单。从图 7-1 可以看出，轴网中大部分轴线为正交和垂直方向，因此使用正交绘图会更加方便。在一个方向基本相同的轴线，可以使用偏移或复制命令快速绘图。本例中房屋的定位轴线主要由框架柱来确定，横向从①～⑤，纵向轴线从 A～C，绘制过程如下：

步骤一：绘图准备

(1) 设置图形单位。

命令：Units

出现"图形单位"对话框，如图 7-2 所示，将精度选为 0。

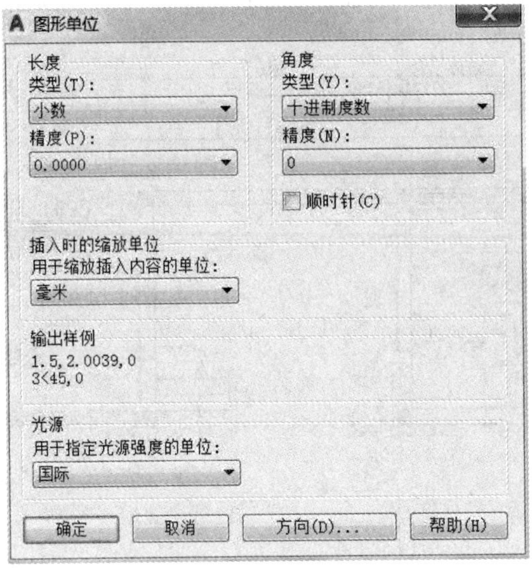

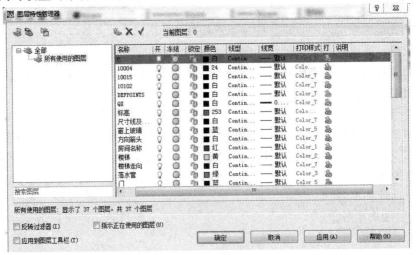

图 7-2　图形单位设置

(2) 设置图幅范围。

　　命令：Limit(设置图限：重新设置模型空间界线)

　　指定左下角点或 [开(ON)/关(OFF)]<0.0000, 0.0000>：(回车)

　　指定右上角点<420, 297>：42000, 29700□(图幅采用 A2 图纸)

把绘图区域放大至全屏显示。

　　命令：Zoom

　　指定窗口的角点，输入比例因子(nX 或 nXP)，或者[全部(A)/中心(C)/动态(D)/范围(E)/上一个(P)/比例(S)/窗口(W)/对象(O)]<实时>：A

(3) 设置图层。

　　命令：Layer(或单击【绘图】工具栏中的"≋"按钮，打开图层管理器)如图 7-3 所示，在弹出的"图层特性管理器"对话框中通过单击鼠标右键新建 7 个图层，并依次对每个图层命名，同时设置对象特性，如颜色、线型等，并将"轴网"图层设置为当前图层。

图 7-3　图层设置

步骤二：绘制轴线

(1) 绘制垂直轴线。

选择【绘图】→【直线】命令绘制垂直方向 12000 线段，得到①号轴线；

水平方向从①号轴线起，分别【偏移】1500、2100、4200、3600，得到②～⑤号轴线。

(2) 绘制水平轴线。

选择【绘图】→【直线】命令绘制水平方向 15000 线段，得到 A 号轴线；

垂直方向从 A 号轴线起，分别【偏移】1500、4500、3500，得到 B～D 号轴线，如图 7-4 所示。其中，尺寸和轴网编号的标注方法在后续绘图过程中详细描述。

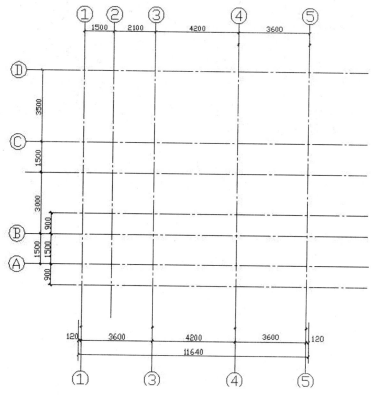

图 7-4 绘制轴线

注意：建筑平面设计一般是从轴线的绘制开始的，确定了轴线就确定了整个建筑物的承重体系和非承重体系，确定了建筑房间的开间进深尺寸以及楼板柱网等细部的布置。所以，绘制轴线是使用 AutoCAD 进行建筑绘图的基本功之一。

轴线由许多雷同的细点画线组成，而且由于房屋的特点，大多数轴线是平行或垂直关系，因此可以首先绘制两条相互垂直的基准线，然后通过复制或偏移操作，从而快速完成轴线的绘制。

7.2.2 绘制墙柱

本例中，外墙厚度为 240 mm，内墙承重墙厚度和非承重墙厚度均为 120 mm，三者均轴线居中。绘图时，首先设置多线样式，再采用【多线】命令绘制墙线，操作步骤如下。

步骤一：设置墙线

给新建的多线命名：

　　命令：Mlstyle

系统弹出"多线样式"对话框，如图 7-5 所示。

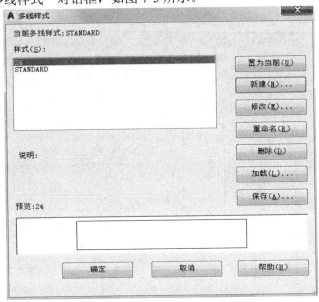

图 7-5　"多线样式"对话框

单击"多线样式"对话框中的【新建】按钮，弹出"创建新的多线样式"对话框，如图 7-6 所示。

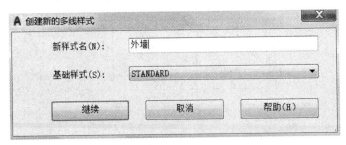

图 7-6　"创建新的多线样式"对话框

在对话框中"新样式名"一栏中输入多线名称"外墙"，单击【继续】按钮，弹出"新建多线样式：外墙"对话框，按图 7-7 所示设置墙线的偏移量、颜色及线型，设置完成之后，单击【确定】按钮，回到"多线样式"对话框，继续设置内墙和隔墙。所有墙线设置完成之后，在"多线样式"对话框中将外墙设置为当前，然后单击【确定】按钮，完成多线设置。

如果在"多线样式"对话框中新建一个多线样式之后单击【保存】按钮，将所建样式保存为磁盘文件，就可以在绘制其他图形文件时调用。调用方法是在"多线样式"对话框中单击【加载】按钮。由于本例中的墙体均为 240 mm 厚墙体，因此绘制起来比较简单，如果建筑中存在偏轴墙体，那么在利用【多线】命令绘制的时候，除了设置好多线元素的偏移距离之外，还需根据实际情况选择多线的对正类型，包括上对正和下对正。

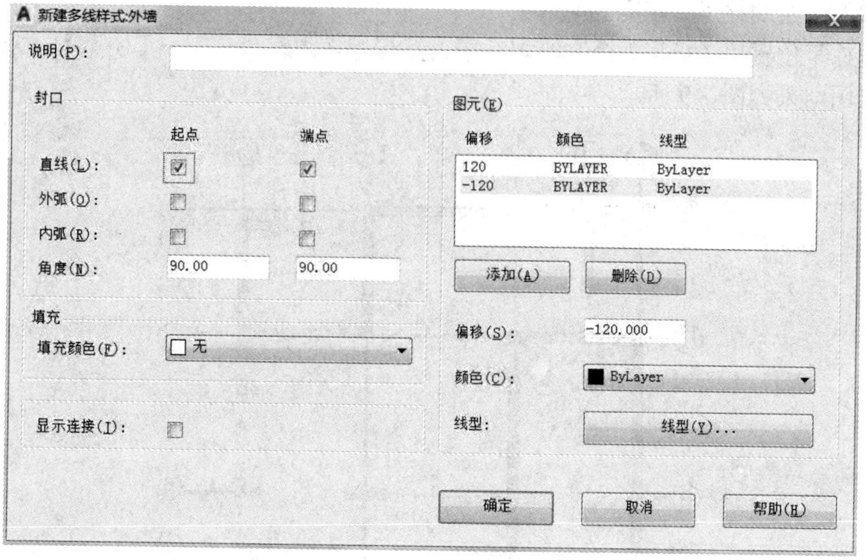

图 7-7　修改多线样式

步骤二：绘制墙线

利用刚才设置好的"多线样式"，用【多线】命令分别绘制外墙、内墙。

绘制时需要注意：①用鼠标的方向控制多线的方向；②沿轴线绘制多线；③根据墙体沿轴线相对位置，设置好"[对正(J)/比例(S)/样式(ST)]"；④门窗洞口处利用尺寸绘制墙线，并预留洞口。

步骤三：修改墙线

选择【修改】→【对象】→【多线(M)…】命令，根据"多线编辑工具"对话框选项修改墙线(绘制墙线时对窗户的预留【空格】→【空格】→【600】，这样把窗户就预留了)，如图 7-8 所示。

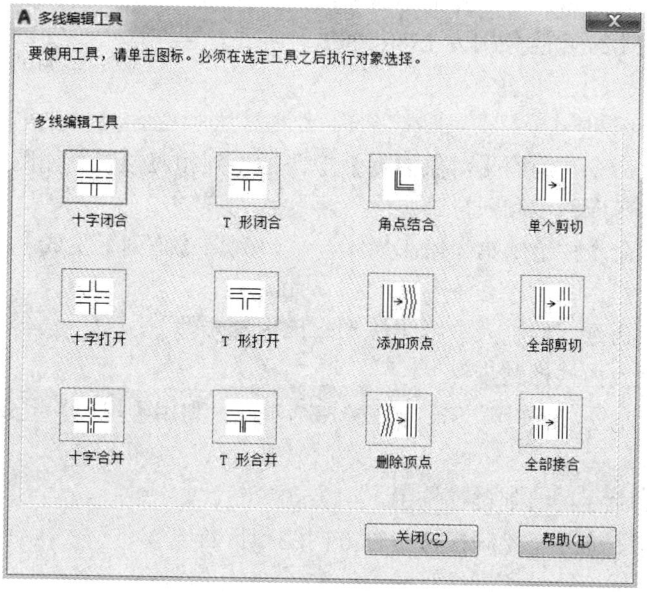

图 7-8　"多线编辑工具"对话框

步骤四：绘制柱子并填充

根据柱子位置用【矩形】命令绘制柱子，然后用【图案填充】→【图案】→Solid 填充柱子。绘图结果如图 7-9 所示。

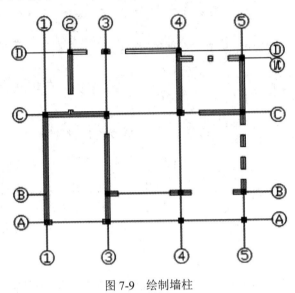

图 7-9　绘制墙柱

7.2.3　绘制门窗和踏步

步骤一：绘制窗

新建【多线样式】，设置绘制窗的多线为水平居中的四条直线段。利用【多线】沿窗洞口绘制窗。

步骤二：绘制门

选择【直线】、【圆弧】、【修剪】等命令绘制门 M-1、M-2 和 M-3，宽度分别为 1340、900、800，如图 7-10 所示。

图 7-10　门

步骤三：插入门

选择【复制】命令，利用【对象捕捉】把门插入到相应位置。如图 7-11 所示。

步骤四：绘制车库踏步和入户踏步

选择【直线】命令，绘制第一条车库踏步线，利用【阵列】生成多条踏步线，【修剪】后完成车库踏步。

选择【直线】命令，绘制入户踏步线和车库内踏步线。

步骤五：绘制室内楼梯踏步

选择【直线】命令，绘制第一条室内楼梯踏步线，利用【阵列】生成多条踏步线，【修剪】后完成踏步。

选择【直线】命令，绘制楼梯扶手。

选择【多段线】命令，绘制楼梯步行方向线和折断线。

步骤六：绘制标高符号和剖切符号

选择【多段线】命令，绘制标高符号和剖切符号。

7.2.4　尺寸标注

选择【标注】→【线性】进行尺寸标注，注意利用辅助线把尺寸线对齐。

7.2.5　文字

选择【绘图】→【文字】→【多行文字】，插入文字、轴号、标高，注意文字高度、宽度和方向。最后图形如图 7-11 所示。

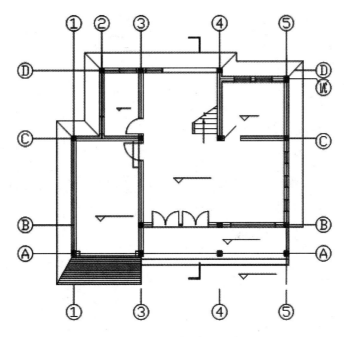

图 7-11　绘制门窗和踏步

本 章 小 结

本章首先介绍了建筑平面图的概念和绘制元素，而后介绍了利用 AutoCAD 软件绘制建筑平面图的步骤。本章的学习重点是绘制建筑平面图的顺序。本章的学习难点是：① 根据设计思路绘制建筑平面图墙柱定位轴线；② 利用多线绘制墙、窗；③ 尺寸标注。

练 习 题

1. 建筑平面图的概念是什么，它主要包括哪些图形？
2. 如何利用【多线】命令绘制外墙线、窗户？
3. 如何利用【多段线】命令绘制带箭头的方向线？

4. 标注时绘制辅助线有什么优点？

5. 绘制图 7-12 标准层建筑平面图，并保存为"WT7-22.dwg"文件。

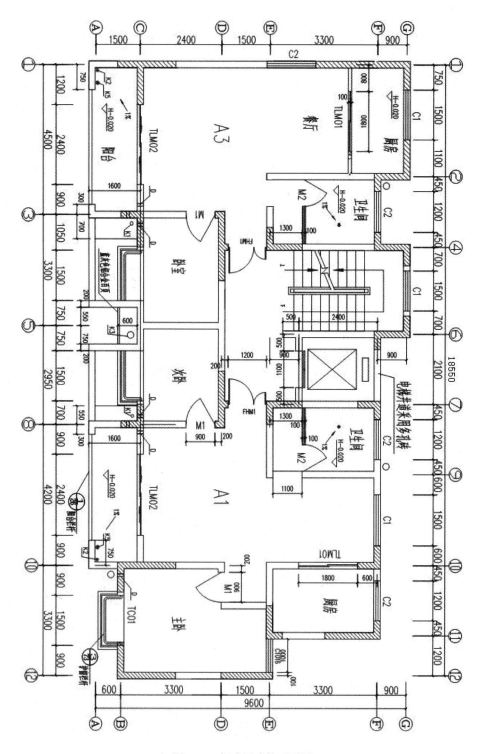

图 7-12　标准层建筑平面图

第 8 章　建筑立面图

【知识框架及要求】

知识要点	细节要求	水平要求
立面图绘制要素	① 基本绘制步骤 ② 图内基本表达内容及特点	熟悉 熟悉
轴线	特点及绘制过程	熟练
门窗	特点及绘制过程	熟练
尺寸标注	① 特点及绘制过程 ② "±"等特殊字符的表示	熟练 熟悉

8.1　建筑立面图绘制要素

建筑立面图是建筑物不同方向的立面正投影视图。建筑立面图主要表现建筑物立面的造型、装修与做法，例如外墙面的面层材料、色彩，女儿墙的形式，线脚、腰线、勒脚等饰面做法，阳台的形式，门窗布置以及雨水管位置等。

建筑立面图是设计师表达建筑立面设计效果的重要图纸，是指导施工图的基本依据之一。立面图根据建筑朝向分为南立面图、东立面图、西立面图和北立面图；根据轴线的轴号分为①－⑧立面图和Ⓐ-Ⓔ立面图；此外，反映建筑主要入口或显著反映建筑物外貌特征那一面的立面图叫作正立面图，其余相应称为背立面图和侧立面图。

建筑立面图的设计一般是在完成平面图的设计之后进行的。结合建筑设计规范和建筑制图要求，通过实例绘制立面图，详细介绍建筑立面图的设计和绘制过程。本章实例中的立面图与上一章平面图的轴号一一对应。

8.1.1　建筑立面图绘制步骤

利用 AutoCAD 绘制建筑立面图的一般步骤如下：

(1) 画室外地坪、两端的定位轴线、外墙轮廓线、屋顶线等;

(2) 根据层高、各部分标高和平面图门窗洞口尺寸,画出立面图中门窗洞、檐口、雨篷、雨水管等细部的外形轮廓;

(3) 画出门扇、墙面分格线、雨水管等细部,对于相同的构造、做法(如门窗立面和开启形式)可以只详细画出其中的一个,其余的只画外轮廓;

(4) 检查无误后加深图线,并插入标高、图名、比例及有关文字说明。

8.1.2　建筑立面图基本表达内容

建筑立面图中的基本表达内容如下:

(1) 图名、比例;

(2) 立面图两端的定位轴线及其编号;

(3) 室外地面线及建筑物可见的外轮廓线;

(4) 门窗的形状、位置及其开启方向;

(5) 墙面、台阶、雨篷、阳台、雨水管、窗台等建筑构造和构配件的位置、形状、做法等;

(6) 外墙各主要部位的标高及必要的局部尺寸;

(7) 详图索引符号及其他文字说明等。

以上所列内容,可以根据建筑物的实际情况进行取舍。

其中,房屋外墙面的各部分装饰材料、具体做法、色彩等用指引线引出并加以文字说明,如东、西端外墙为浅红色和浅蓝色面砖搭配贴面,窗洞周边、檐口及阳台栏板边为白色外墙乳胶漆等。这部分内容也可以表示在建筑室内外工程做法说明表中。

8.1.3　建筑立面图组成

1. 比例

立面图的比例通常与平面图相同,常用 1∶50、1∶100、1∶200 的较小比例绘制。

2. 定位轴线

在立面图中一般只标出建筑物两端的轴线及编号,以便与平面图相对照阅读,确定立面图的观看方向。

3. 图线

为了加强立面图的表达效果,建筑平面图中的图线应粗细有别,使建筑物轮廓突出、层次分明,通常被剖切到的墙、柱等截面轮廓线用粗实线(b)绘制,门扇的开启示意线用中实线(0.5b),其余可见轮廓线用细实线(0.35b),尺寸线、标高符号、定位轴线的圆圈、轴线等用细实线和细点画线绘制。其中,b 的大小应根据图样的复杂程度和比例,按《房屋建筑制图统一标准》(GB/T 50001-2001)中的规定选取适当的线宽组合,如表 8-1 所示。

表 8-1 线 宽 组 合

线宽比	线宽组合/mm					
b	2.0	1.4	1.0	0.7	0.5	0.35
0.5b	1.0	0.7	0.5	0.35	0.25	0.18
0.35b	0.7	0.5	0.35	0.25	0.18	

当绘制较简单的图样时，可采用两种线宽的线宽组，其线宽比值宜为 b : 0.25b。

4. 图例

由于比例小，按投影很难将所有细部都表达清楚，因此，门、窗等都是用图例来绘制的，且只画出主要轮廓线及分格线，门窗框用双线。常用构造及配件图例可参阅相关的建筑制图书籍或国家标准。

5. 尺寸和标高

立面图高度方向的尺寸主要是用标高的形式标注，主要包括建筑物室内外地坪、各楼层地面、窗台、门窗洞顶部、檐口、阳台底部、女儿墙压顶及水箱顶部等处的标高尺寸。在所标注处画一条水平引出线，标高符号一般画在图形外，符号应大小一致，整齐排列在同一铅垂线上。必要时为了更清楚起见，可标注在图内，如楼梯间的窗台面标高。标高符号应以直角等腰三角形表示，注法及形式如图 8-1 所示。若建筑立面图左右对称，标高应标注在左侧，否则两侧均应标注。立面图上水平方向一般不标注尺寸，但无详图时需标注出局部尺寸。

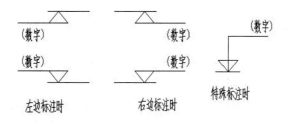

图 8-1 标高形式

标高符号的尖端应指至被标注高度处。尖端一般应向下，也可向上。标高数字应注写在标高符号的左侧或右侧，如图 8-2 所示。标高数字应以米为单位，注写到小数点后第三位。在总平面图中，可注写到小数点后第二位。零点标高应注写成 ±0.000，正数标高不注"+"，负数标高应注"−"，例如 3.000、−0.600。在图样的同一位置需表示几个不同标高时，标高数字也可按图 8-3 的形式注写。

图 8-2 标高的指向 　　　　图 8-3 同一位置注写多个标高数字

6. 详图索引符号

为了反映建筑物的细部构造及具体做法，常配以较大比例的详图，并用文字和符号加以说明。详图索引符号如图 8-4(a)所示，根据实际图纸情况，分为下述三种：

(1) 索引出的详图与被索引的详图在同一张图纸内时，牵引符号如图 8-4(b)所示，在索引符号的上半圆中用阿拉伯数字注明该详图的编号，在下半圆中画一段水平细实线。

(2) 索引出的详图与被索引的详图不在同一张图纸内时，牵引符号如图 8-4(c)所示，除在索引符号的上半圆中用阿拉伯数字注明该详图的编号外，在下半圆中用阿拉伯数字注明该详图所在图纸的编号。

(3) 索引出的详图如采用标准图，应在索引符号水平直径的延长线上加注该标准图册的编号，如图 8-4(d)所示。

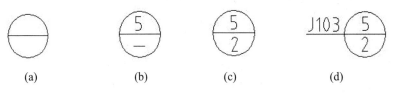

| (a) | (b) | (c) | (d) |

图 8-4　详图索引符号

8.2　建筑立面图的轴线

8.2.1　例题分析

绘制图 8-17 所示别墅平面图对应的①～⑤立面图，采用 1：100 的比例绘制。①～⑤立面图是该别墅的主立面图，反映该立面的外貌特征和主要出入口的位置。别墅共 2 层，室内外高差为 0.6 m，通过 4 级 150 mm 台阶进入室内。

由于本例是以建筑平面图为生成基础，因此不必新建一个文件，直接打开第七章绘制的"建筑平面图.dwg"(图 7-1)，并另存为"建筑立面图.dwg"即可。虽然平面图是立面图的基础和依据，但是平面图中有许多信息与立面图的生成无关，例如：内部的墙体、门窗、家居、楼梯以及标注文字等信息的存在只会占据磁盘空间，影响图形的生成速度，因此，取舍平面图的内容是生成立面图的第一步。一般说来，作为立面图生成基础的平面图中需保留的图素只有外墙、台阶、雨篷、室外梯、外墙上的门窗洞口等。因此，可将有用的建筑构件图层加锁或关闭，然后选择【删除】命令删除图中无用的图素，再打开和解锁有用的建筑构件图层，而后通过【清理】命令进一步清除在立面图生成中无内容和意义的图层及其他数据内容：选择【文件】→【图形实用工具】→【清理】命令，系统弹出如图 8-5 所示的【清理】对话框，从中选择无用的数据内容，然后点击【清理】按钮逐一清理。

清理完毕后，进入"图层特性管理器"对话框，按表 8-2 设置立面图所需新图层，并将原平面图的图素全部转换至"temp"图层。

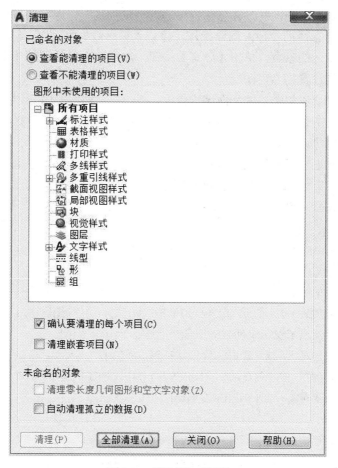

图 8-5 "清理"对话框

表 8-2 建筑立面图图层设置列表

图层名称	含 义
Temp	平面图
Axes	定位图
Wall	轮廓线
Win	门窗
Dim	尺寸标注

构造了作为立面生成基础的平面图后，以其为基础勾画立面的主体轮廓及出现在立面中的建筑构件纵向位置和尺寸，再利用建筑层高及各构件的横向位置和尺寸等数据，确定构成立面的建筑构件的横向位置与尺寸，这就是建筑轮廓线和各建筑构件的定位操作。

8.2.2 绘制过程

设置图层：选择【图层】命令，弹出"图层特性管理器"对话框，在该对话框中单击

【新建】按钮，新建一个图层，在名称栏中输入"定位线"作为新图层名，然后在颜色、线型、线宽栏选择合适的参数。同样操作，建立"轮廓线""门窗"等图层，在颜色、线型、线宽栏选择合适的参数，单击【确定】按钮。然后单击对话框的【置为当前】按钮，将"定位线"图层设置为当前图层。

立面图的绘制要以每一层的平面图为依据，每一层立面图的门窗和阳台的位置及尺寸都取自于平面图中的位置及尺寸。绘制如图 8-6 所示立面图的操作步骤如下：

步骤一：绘制纵向定位线。

在修改好的平面图中利用偏移命令将平面图中所需轴线偏移，将 1 号轴线向右分别偏移 180 和 480，将 5 号轴线向左偏移 480，3 号轴线分别向左偏移 180 和 480，将 4 号轴线分别向左和向右偏移 480。

　　命令：Offset

　　当前设置：删除源 = 否　　图层 = 源　　OFFSETGAPTYPE = 0

　　指定偏移距离或 [通过(T)/删除(E)/图层(L)] <通过>: 180

　　选择要偏移的对象，或 [退出(E)/放弃(U)] <退出>: (选择 1 号轴线)

　　指定要偏移的那一侧上的点，或 [退出(E)/多个(M)/放弃(U)] <退出> (在 1 号轴线右侧拾取一点)

　　指定偏移距离或 [通过(T)/删除(E)/图层(L)] <通过>: 480

　　选择要偏移的对象，或 [退出(E)/放弃(U)] <退出>: (选择 1 号轴线)

　　指定要偏移的那一侧上的点，或 [退出(E)/多个(M)/放弃(U)] <退出> (在 1 号轴线右侧拾取一点)

　　选择要偏移的对象，或 [退出(E)/放弃(U)] <退出>:

　　命令：Offset

　　当前设置：删除源 = 否　　图层 = 源　　OFFSETGAPTYPE = 0

　　指定偏移距离或 [通过(T)/删除(E)/图层(L)] <通过>: 480

　　选择要偏移的对象，或 [退出(E)/放弃(U)] <退出>: (选择 5 号轴线)

　　指定要偏移的那一侧上的点，或 [退出(E)/多个(M)/放弃(U)] <退出> (在 5 号轴线左侧拾取一点)

　　命令：Offset

　　当前设置：删除源 = 否　　图层 = 源　　OFFSETGAPTYPE = 0

　　指定偏移距离或 [通过(T)/删除(E)/图层(L)] <通过>: 180

　　选择要偏移的对象，或 [退出(E)/放弃(U)] <退出>: (选择 3 号轴线)

　　指定要偏移的那一侧上的点，或 [退出(E)/多个(M)/放弃(U)] <退出> (在 3 号轴线左侧拾取一点)

　　指定偏移距离或 [通过(T)/删除(E)/图层(L)] <通过>: 480□

　　选择要偏移的对象，或 [退出(E)/放弃(U)] <退出>: (选择 3 号轴线)

　　指定要偏移的那一侧上的点，或 [退出(E)/多个(M)/放弃(U)] <退出> (在 3 号轴线左侧拾取一点)

　　选择要偏移的对象，或 [退出(E)/放弃(U)] <退出>: <Enter>

　　命令：Offset

　　当前设置：删除源 = 否　　图层 = 源　　OFFSETGAPTYPE = 0

　　指定偏移距离或 [通过(T)/删除(E)/图层(L)] <通过>: 480

　　选择要偏移的对象，或 [退出(E)/放弃(U)] <退出>: (选择 4 号轴线)

　　指定要偏移的那一侧上的点，或 [退出(E)/多个(M)/放弃(U)] <退出> (在 4 号轴线右侧拾取一点)

选择要偏移的对象，或 [退出(E)/放弃(U)] <退出>: (选择 4 号轴线)

指定要偏移的那一侧上的点，或 [退出(E)/多个(M)/放弃(U)] <退出> (在 1 号轴线左侧拾取一点)

选择要偏移的对象，或 [退出(E)/放弃(U)] <退出>:

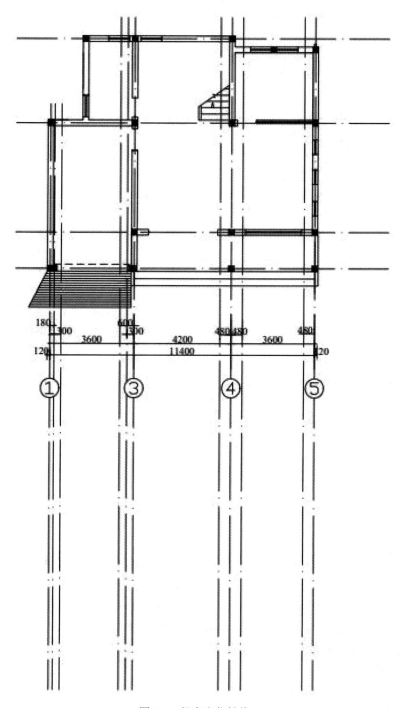

图 8-6　纵向定位轴线

用【延伸】命令将轴线延伸至所需位置，如图 8-7 所示。

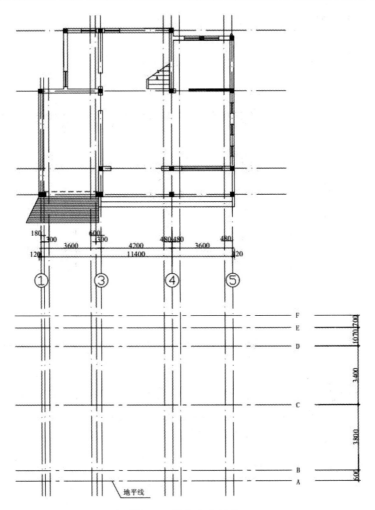

图 8-7 横向定位轴线

步骤二：绘制水平楼层定位线。

在平面图下方适当位置使用【直线】命令绘制地平线。然后选择【偏移】命令平行偏移地平线，生成建筑首层地面标高位置线(高于地平线 600 mm)。

命令行提示如下：

    命令：Offset

    当前设置：删除源 = 否　图层 = 源　OFFSETGAPTYPE = 0

    指定偏移距离或 [通过(T)/删除(E)/图层(L)] <通过>: 600

    选择要偏移的对象，或 [退出(E)/放弃(U)] <退出>: (选择地平线)

    指定要偏移的那一侧上的点，或 [退出(E)/多个(M)/放弃(U)]<退出>(在地平线上侧拾取一点)

    选择要偏移的对象，或 [退出(E)/放弃(U)] <退出>:

根据如图所示楼层的高度，再次选择【偏移】命令平行偏移此线，生成建筑立面横向定位线。命令行提示如下：

    命令：Offset

    当前设置：删除源 = 否　图层 = 源　OFFSETGAPTYPE = 0

指定偏移距离或 [通过(T)/删除(E)/图层(L)] <通过>: 3800

选择要偏移的对象，或 [退出(E)/放弃(U)] <退出>: (选择 B 轴线)

指定要偏移的那一侧上的点，或 [退出(E)/多个(M)/放弃(U)] <退出> (在 B 轴线上方拾取一点)

选择要偏移的对象，或 [退出(E)/放弃(U)] <退出>:

命令：Offset

当前设置：删除源 = 否　图层 = 源　OFFSETGAPTYPE = 0

指定偏移距离或 [通过(T)/删除(E)/图层(L)] <通过>: 3400

选择要偏移的对象，或 [退出(E)/放弃(U)] <退出>: (选择 C 轴线)

指定要偏移的那一侧上的点，或 [退出(E)/多个(M)/放弃(U)] <退出> (在 C 轴线上方拾取一点)

选择要偏移的对象，或 [退出(E)/放弃(U)] <退出>:

命令：Offset

当前设置：删除源 = 否　图层 = 源　OFFSETGAPTYPE = 0

指定偏移距离或 [通过(T)/删除(E)/图层(L)] <通过>: 1070

选择要偏移的对象，或 [退出(E)/放弃(U)] <退出>: (选择 D 轴线)

指定要偏移的那一侧上的点，或 [退出(E)/多个(M)/放弃(U)] <退出> (在 D 轴线上方拾取一点)

选择要偏移的对象，或 [退出(E)/放弃(U)] <退出>:

命令：Offset

当前设置：删除源 = 否　图层 = 源　OFFSETGAPTYPE = 0

指定偏移距离或 [通过(T)/删除(E)/图层(L)] <通过>: 700

选择要偏移的对象，或 [退出(E)/放弃(U)] <退出>: (选择 E 轴线)

指定要偏移的那一侧上的点，或 [退出(E)/多个(M)/放弃(U)] <退出> (在 E 轴线上方拾取一点)

选择要偏移的对象，或 [退出(E)/放弃(U)] <退出>:

偏移后的图形如图 8-8 所示。

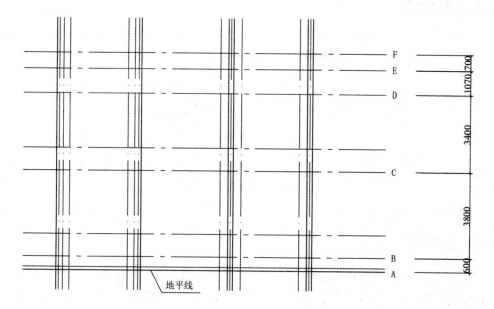

图 8-8　门窗定位轴线

步骤三：绘制门窗定位线。

(1) 将 1 号轴线向左偏移 120 作为外墙线，用 Pline 命令绘出外墙轮廓及地面轮廓。

建筑立面的轮廓线一般有 2 种线型，立面外轮廓线为粗实线，而其他轮廓线为中实线。也可以适当增加建筑轮廓线的线型层次以丰富立面效果和突出重点。使用 Pline 命令和自动捕捉功能绘制建筑立面的外轮廓线和其他轮廓线。

(2) 将水平楼层轴线 B、C 向上偏移 1000 作为房间窗户的底部标高线。

(3) 此时平面图任务已经完成，可以删掉。绘制好的图形如图 8-8 所示。

8.2.3　相关绘图知识

立面图一般应按投影关系，画在平面图上方，与平面图轴线对齐，以便识读。侧立面图或剖面图可放在所画立面图的一侧。立面图所采用的比例一般和平面图相同。由于比例较小，所以门窗、阳台、栏杆及墙面复杂的装修可按图例绘制。为简化作图，对立面图上同一类型的门窗可详细地画一个作为代表，其余均用简单图例来表示。此外，在立面图的两端应画出定位轴线符号及其编号。

8.3　建筑立面图的门窗

窗是立面图上重要的图形对象，一般情况下也是图素内容最多的对象。门窗一般都是规范中规定的标准件，可以根据建筑设计的要求从规范中选取。鉴于一个建筑设计中涉及门窗种类不多，但是每一种的数量比较多，建议用户创建包括门窗在内的建筑工程专业化图库，在需要的时候直接调用插入即可。

8.3.1　例题分析

本例的别墅正立面窗户的形式只有 1 种 2400 mm × 1800 mm 的窗户，具体窗扇形式和开合尺寸有所差别，如图 8-9 所示。

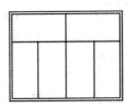 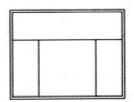

图 8-9　立面窗图

8.3.2　绘制过程

建筑立面图中所有窗的绘制方法大同小异，基本都是由矩形和直线组合而成，因此熟练运用【矩形】命令和【直线】命令以及对象捕捉功能是绘制窗的关键。下面以图 8-9 中第一种形式的窗为例，介绍其创建过程。

步骤一：绘制阳台窗和车库门。

(1) 选择 win 图层为当前层，选择【矩形】命令绘制图 8-10 所示窗洞，尺寸为 2400 mm × 1800 mm。

命令：Rectang

指定第一个角点或 [倒角(C)/标高(E)/圆角(F)/厚度(T)/宽度(W)]: (指定合适一点)

指定另一个角点或 [面积(A)/尺寸(D)/旋转(R)]: D

指定矩形的长度<10>: 2400

指定矩形的宽度<10>: 1800

指定另一个角点或 [面积(A)/尺寸(D)/旋转(R)]:

(2) 选择【偏移】命令绘制图 8-11 所示窗框。

命令：Offset

当前设置：删除源 = 否　图层 = 源　OFFSETGAPTYPE = 0

指定偏移距离或 [通过(T)/删除(E)/图层(L)] <0>: 50

选择要偏移的对象，或 [退出(E)/放弃(U)] <退出>: (用鼠标选择要偏移的窗框)

指定要偏移的那一侧上的点，或 [退出(E)/多个(M)/放弃(U)] <退出>: (确定偏移方向)

选择要偏移的对象，或 [退出(E)/放弃(U)] <退出>: *取消*

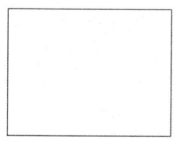　　　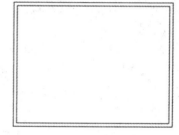

图 8-10　窗洞　　　　　　　　　　　　图 8-11　一扇带形窗

(3) 选择【阵列】命令形成车库门。

命令：Array(弹出"阵列"对话框，使用如图 8-12 所示的设置，用鼠标单击【选择对象】按钮，回到图形区)

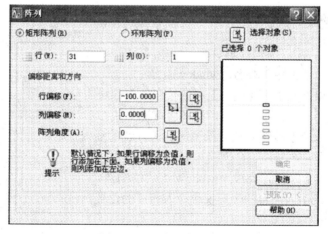

图 8-12　"阵列"对话框

选择对象：指定对角点，找到 2 个(框选要阵列的图形)

选择对象：(回到"阵列"对话框，单击【确定】按钮完成图形阵列，如图 8-13 所示)

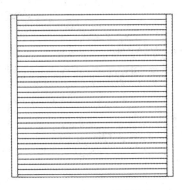

图 8-13　阵列后的车库门

步骤二：插入阳台窗和车库门。

(1) 定义带形窗块。

命令：Block

系统弹出"块定义"对话框，在对话框中做如图 8-14 所示设置。

图 8-14　"块定义"对话框

① 在"名称"栏里输入块名：windowl。

② 选中"对象"栏中的【删除】单选按钮，删除块图形。

③ 单击【选择对象】按钮，返回绘图区域选择块图形，将带形窗图形全部选中。

④ 单击【拾取点】按钮，返回绘图区域选择块的插入点，单击窗块的左下角顶点作为插入点。

⑤ 单击【确定】按钮，完成"windowl"块的制作。

(2) 将制作好的房间阳台的带形窗块插入相应的位置。

命令：Insert

系统弹出"插入"对话框，在该对话框的"名称"下拉列表中选择"windowl"，其余设置如图 8-15 所示。

图 8-15　"插入"对话框

完成【插入】对话框的参数设置以后，单击对话框中的【确定】按钮，命令提示如下：

指定插入点或 [基点(B)/比例(S)/X/Y/Z/旋转(R)]: (捕捉图中定位线的交点为插入点插入窗图块)

(3) 采用同样的方法，分别插入车库门和窗块。

操作结果如图 8-16 所示：

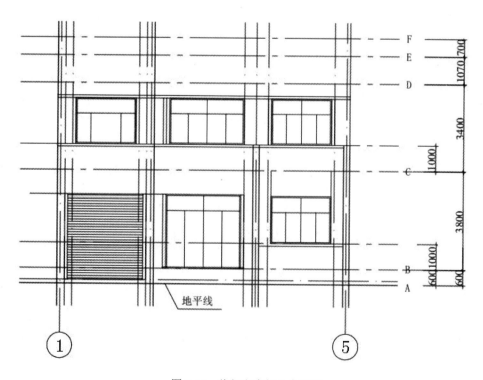

图 8-16　将门和窗插入立面图

屋檐的绘制方法可以用偏移命令，也可以用阵列的命令绘制，自行绘制后插入图中相应位置，如图 8-17 所示。

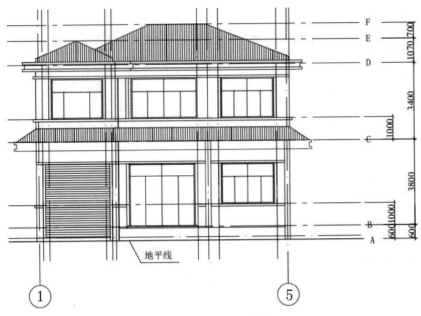

图 8-17　屋檐的绘制

8.3.3　相关绘图知识

如果把建筑物及其构配件(或组合件)选定的标准尺寸单位作为尺寸协调中的增值单位,那么,就把标准尺寸单位称为建筑模数单位。在建筑模数协调中选用的基本尺寸单位,其数值为 100 mm,符号为 M,即 1 M = 100 mm,目前世界上大部分国家均以此为基本模数。基本模数的整数值称为扩大模数。整数除以基本模数的数值称为分模数。模数可以作为建筑设计依据的度量,决定每个建筑构件的精确尺寸和建筑物本身建筑构件的位置。模数在建筑设计上表现为模数化网格,网格的尺寸单位是基本模数或扩大模数。在建筑设计中,每个建筑构件都应与网格线建立一定的关系,一般常将建筑构件的中心线、偏中线或边线置于网格线上。建筑设计中的主要建筑构件如承重墙、柱、梁、门窗洞口都应符合模数化的要求,严格遵守模数协调规则,以利于建筑构配件的工业化生产和装配化施工。

8.4　建筑立面图尺寸标注

立面图的尺寸标注与平面图不同,它无法完全采用 AutoCAD 自带的标注功能来完成,因此各地区、各单位在立面图的尺寸标注内容上都不尽相同,如国家规范中规定立面图上只要求标明外窗的标高即可,但在实际工程中往往还需标明室内外地面、门洞的上下口、女儿墙压顶面、出入口平台、阳台和雨篷面的标高、门窗尺寸及总尺寸等。

8.4.1　标高位置

立面图上高度方向的尺寸主要是用标高的形式标注,标高符号一般画在图形外,符号大小应一致，并整齐排列在同一铅垂线上，必要时为了更直观清楚可标注在图内，如楼梯间的窗台面标高。若建筑立面图左右对称，标高应标注在左侧，否则两侧均应标注，主要包括建筑物室内外地坪、各楼层地面、窗台、门窗洞顶部、檐口、阳台底部、女儿墙压顶及水箱顶部等处的标高尺寸。

8.4.2 操作过程

标高符号应是直角等腰三角形，用细实线绘制，如图 8-18(a)所示，如标注位置不够，也可按图 8-18(b)所示形式绘制。

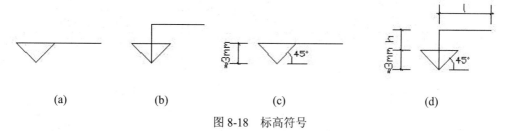

（a）　　　　　　（b）　　　　　　（c）　　　　　　（d）

图 8-18　标高符号

步骤一：绘制标高符号。

绘制标高符号，如图 8-18(c)、图 8-18(d)所示。

步骤二：定义标高符号图块并插入图中相应位置。

将绘制好的标高图形定义为块，并插入图中对应位置。

步骤三：注写标高值。

命令：Mtext

当前文字样式：

"Standard"文字高度：400

指定第一角点：(用鼠标在需要书写文字的区域拾取恰当一点)

指定对角点或 [高度(H)/对正(J)/行距(L)/旋转(R)/样式(S)/宽度(W)]：(用鼠标拖出一个如图 8-19所示的矩形框)

拖出矩形框之后，系统弹出"文字格式"对话框，如图 8-19 所示。

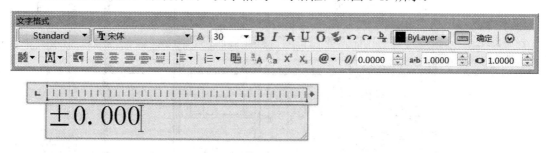

图 8-19　"文字格式"对话框

此时如果要输入标高值"±0.000"，应先输入"%%P"，即输入"±"(或单击文字格式框中的符号按钮@，从中选择正负号)，再输入"0.000"数值即可，同理可依次输入其余标高数值，如图 8-20 所示。

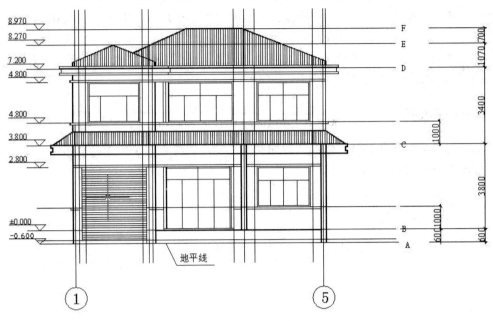

图 8-20　标注尺寸后的立面图

步骤四：标注竖向尺寸。

构件尺寸的标注主要在竖直方向，包括三道尺寸：最外一道标注建筑的总高尺寸；中间一道标注层高尺寸；最里面一道标注室内外高差、门窗洞高度、垂直方向窗间墙、窗下墙、檐口高度等尺寸。构件尺寸的标注方法及注意事项与平面图尺寸标注完全一致，包括设置尺寸标注样式、绘制标注辅助线、进行图形标注等步骤。

步骤五：删除多余线段。

将多余轴线删除后，图形如图 8-21 所示。

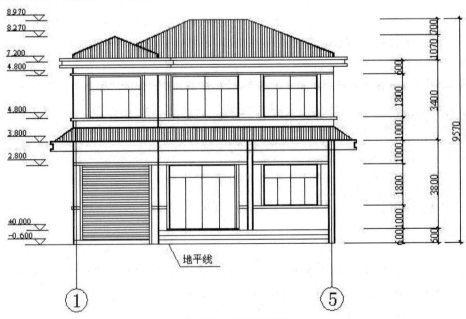

图 8-21　房屋立面图

8.4.3 相关绘图知识

在实际绘图中，往往需要标注一些特殊的字符，如上画线、下画线、"±"、"°"等。由于这些特殊字符不能从键盘上直接输入，因此 AutoCAD 提供了相应的控制符，以实现这些标注。表 8-3 列出了常用的控制符。

表 8-3 AutoCAD 2008 控制符

符号	功能	符号	功能
%%P	标注"正负公差"符号(±)	%%O	打开或关闭上画线
%%C	标注直径符号(φ)	%%U	打开或关闭下画线
\U+00B2	平方(2)	%%D	标注"度"符号(°)

本 章 小 结

本章首先介绍了建筑立面图的概念和绘制元素,而后介绍了利用 AutoCAD 软件绘制建筑立面图的步骤。本章的学习重点是绘制建筑立面图的顺序。本章的学习难点是：① 根据建筑平面图寻找立面图的轴线对应关系；② 绘制楼板、墙体、门窗纵向定位线；③ 标高标注。

练 习 题

1. 绘制教材中图 8-21 房屋立面图，并保存为 YY8-21.dwg 文件。
2. 绘制下图 8-22 所示的建筑立面图，并保存为 YY8-22.dwg 文件。

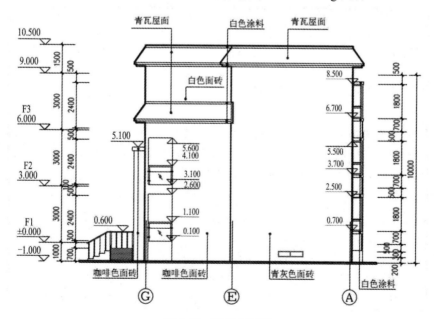

图 8-22 建筑立面图

第9章　建筑剖面图

【知识框架及要求】

知识要点	细节要求	水平要求
剖面图绘制要素	① 绘图要求	熟悉
	② 绘制步骤	熟练
绘制过程	① 定位操作	熟练
	② 确定墙体、梁板剖面	熟练
	③ 确定楼梯剖面	熟练
	④ 门窗	熟练
	⑤ 其他(台阶、雨篷、散水等)	熟练

9.1　建筑剖面图绘制要素

建筑剖面图是将建筑物作某方向垂直剖切后得到的投影图。

建筑剖面图用于表示建筑物内部垂直方向的主要结构形式、分层情况、构造做法以及组合尺寸。在建筑剖面图中可看到与建筑物剖切位置有关的各部位的层高和层数、垂直方向建筑空间的组合,还可以看到在建筑剖面位置上的主要结构形式、构造方法和做法(如屋顶形式、屋顶坡度、檐口形式、楼板搁置方式、楼梯的形式及其简要的结构、构造方式、内外墙与其他构件的构造方式等)。它是与建筑平面图、立面图相互配合不可缺少的重要图样之一。

剖面图的数量是根据建筑物实际的复杂程度和施工实际需要决定的。对于结构简单的建筑物,有时候一两个剖面图就已经足够,但是在某些建筑平面较为复杂而且建筑物内部的功能分区又不是特别规律的情况下,要想完整地表达出整个建筑物的实际情况,就需要从几个有代表性的位置绘制多张剖面图,这样才可以完整地反映整个建筑物的全貌。

剖面图的剖切位置,一般选取在内部结构和构造比较复杂或者有变化、有代表性的部位,如通过出入口、门厅或者楼梯等部位的平面。将剖切位置选择在这种最能表达建筑空间结构关系的部位,就可以从一个剖面图更多地获取关于建筑本身的属性信息。剖切平面一般横向,即平行于侧立面,必要时也可纵向,即平行于正立面。同时,为了达到较好的表达效果,在某些特定的情况下,可以采用阶梯剖面图,即选择合理转折的平面作为剖切平面,从而可以在更少的图形上获得更多的信息。

9.1.1　建筑剖面图的绘图要求

同平面图一样，建筑剖面图的设计与绘制也应遵守国家标准《房屋建筑制图统一标准》(GB/T 50001—2001)中的有关规定。

(1) 定位轴线和索引符号。在剖面图中要画出两端的轴线及其编号，有时需要注明中间轴线。由于剖面图比例比较小，某些部位如墙脚、窗台、楼地面、顶棚等节点，不能详细表达时可在剖面图上的该部位处，画上详图索引符号，另用详图表示其细部构造。为使剖面图的详图与索引等符合，应在被剖切的部位绘制剖切位置线和引出线。

(2) 图线。室内外地坪线画加粗线(1.4b)。剖切到的房间、阳台、走廊、楼梯及楼面板、屋面板，在 1∶100 的剖面图中可只画两条粗实线作为结构层和面层的总厚度；在 1∶50 的剖面图中，应加绘细实线表示粉刷层的厚度。其他可见的轮廓(比如门窗洞、可见的楼梯梯段及栏杆扶手、可见的女儿墙压顶、内外墙轮廓线、踢脚线、勒脚线等)均画中粗实线(0.5b)；门窗扇及其分格线、水斗及雨水管、外墙引条线(包括分格线)、尺寸界线、尺寸线和标高符号都均画细实线(0.35b)。

(3) 图例。常用构造及配件图例可参阅相关的建筑制图书籍或国家标准。门窗均按《建筑图例》中的规定绘制。为了清楚地表达建筑各部分的材料及构造层次，当剖面图的比例大于 1∶50 时，应在被剖切到的构配件断面上画出其材料图例；当剖面图的比例小于 1∶50 时，则不画具体材料图例，而用简化的图例表示其构件断面的材料，如钢筋混凝土的梁、板可在断面处涂黑，以区别砖墙和其他材料。

(4) 比例。剖面图的比例与平面图、立面图的比例一致，通常采用 1∶50、1∶100、1∶200 的较小比例绘制。

(5) 尺寸标注。建筑剖面图中应标注必要的尺寸，即垂直方向尺寸和标高，一般只标注剖到部分的尺寸。一般需标注 3 道尺寸。最内侧的第一道尺寸为门、窗洞及窗洞间墙的高度尺寸(将楼面以上和楼面以下分别标注)。第二道尺寸为层高尺寸，包括底层地面至二层楼面、各层楼面至上一层楼面、顶层楼面至檐口处屋面处的尺寸。同时还需标注出室内外的高差尺寸、檐口至女儿墙压顶面的尺寸。第三道尺寸为室外地面以上的总高。在建筑剖面图上，标高所标注的高度位置与立面图一样，有建筑标高和结构标高之分。此外还应注上某些局部尺寸，如室内墙上的门窗洞口线、窗台的高度、天窗、高引窗的窗洞以及窗台高度等。标注方法基本和立面图相同。

9.1.2　建筑剖面图绘制步骤

建筑剖面图的绘制一般是在完成平面图和立面图的设计之后进行的。用 AutoCAD 绘制建筑剖面图有两种基本方法：一般方法和三维模型法。一般情况下，设计者在绘制建筑剖面图时采用的是利用 AutoCAD 系统提供的二维绘图命令绘制剖面图。这种绘图方法简便、直观，从时间和经济效益来讲都比较合算，只需以建筑平面图和立面图为其生成基础，根据建筑形体的具体情况绘制即可。这种方法适宜于从底层开始向上逐层设计，相同的部分逐层向上阵列或复制，最后再进行适当修改。

三维模型法是以现有平面图为基础，基于建筑物立面图提供的标高、层高和门窗等相关设计资料，将未来剖面图中可能剖到或看到的位置部分保留，然后从剖切线位置把与剖视方向相反的部分删去，从而得到剖面图的三维模型框架，并以它为基础生成剖面图。三维方法中比较简单的是建立表面模型，相对于实体模型来说，建立表面模型简单易行，对计算机的性能要求也不是很高。但是，从三维表面模型生成的剖面图还很不完善，需要在以后的编辑修改过程中做很多的后期工作。因此，从总体上来说，使用三维模型法绘制剖面图工作繁琐、效率低下，一般不采用。本章将以一般方法讲述绘制剖面图的具体过程和步骤，具体步骤如下：

(1) 定位轴线。剖面图中的定位轴线包括房屋的横向定位轴线、沿高度方向的层高线、女儿墙顶面和地面标高以及屋顶水箱上下顶面的标高等。剖面图的定位轴线绘制和建筑立面图定位轴线的绘制相同。

(2) 画墙体轮廓线参考平面图，按照剖视方向绘制剖面图的墙体轮廓线。

(3) 画楼层、屋面线以及楼梯剖面图。楼层、屋面和楼梯的竖向布置是剖面图中需要重点表达的内容，绘制完墙体轮廓线后，就需要在墙体轮廓线的基础上添加楼梯、门窗等剖面图要表达的细节部分。细节部分包括楼梯的细部构造以及没有被剖切到、但是却可以在剖视方向上看到的建筑物外部墙体。

(4) 尺寸标注在前面已经介绍，不再赘述。

(5) 标注必要的尺寸及建筑物各个楼层地面、屋面、平台面的标高。

(6) 添加详细的索引符号及必要的文字说明。

(7) 加图框和标题，并打印输出。

用户在绘制建筑物剖面图的过程中并不会有建筑的三维模型供设计者参考，唯一的设计依据就是建筑平面图，绘制建筑剖面需要用户具有良好的空间想象能力。

9.2　建筑剖面图绘制过程

9.2.1　建筑剖面图定位操作

虽然平面图和立面图是剖面图的基础和依据，但是平、立面图中有许多信息与剖面的生成无关，例如门窗扇、家具、标注等。此时可以像绘制立面图一样将这些无用的图素和图层清除，也可以完成剖面图之后一并清理。

构造出作为剖面生成的平、立面后，以其为基础勾画剖面的主体轮廓和剖面图中的建筑构件纵向位置及尺寸，再利用建筑层高及各构件的横向位置和尺寸等数据确定构成剖面的建筑构件的横向位置及尺寸，这就是建筑轮廓及各建筑构件的定位操作。绘制建筑剖面图首先要进行定位操作，操作过程如下：

新建一个"剖面图"层，并将该层设置为当前层。

步骤一：绘制剖切符号

在绘制剖面图之前，应先绘制剖切符号，以确定在什么位置上进行剖切。一般情况下，剖面图的剖切位置，应选择在内部构造和结构比较复杂与典型的部位，并应通过门窗洞。剖切符号应由剖切位置线及投射方向线组成，均应以粗实线绘制。剖切位置线长度宜为 6～10 mm；投射方向线应垂直于剖切位置线，长度应短于剖切位置线，宜为 4～6 mm(图9-1)。

图9-1　剖切符号详图

（1）单击【正交】按钮，打开正交模式，单击【绘图】工具栏中的【多段线】按钮，绘制线宽为 50 的多段线，具体命令如下：

命令：PL

指定起点：

当前线宽为 50

指定下一个点或 [圆弧(A)/半宽(H)/长度(L)/放弃(U)/宽度(W)]: W

指定起点宽度<100>：50

指定端点宽度<100>：50

指定下一个点或 [圆弧(A)/半宽(H)/长度(L)/放弃(U)/宽度(W)]: 600

指定下一点或 [圆弧(A)/闭合(C)/半宽(H)/长度(L)/放弃(U)/宽度(W)]: 1000

指定下一点或 [圆弧(A)/闭合(C)/半宽(H)/长度(L)/放弃(U)/宽度(W)]:

（2）使用多行文字工具输入数字 1。

（3）单击【修改】工具栏中的【镜像】按钮，水平镜像剖面符号，其结果如图 9-2 所示。

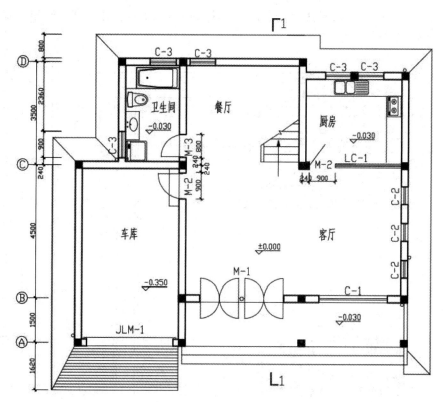

图 9-2　平面图中的剖切位置

步骤二：绘制辅助射线

（1）在【状态】栏中右击【极轴】按钮，从弹出的菜单中选择【设置】命令，打开"草图设置"对话框，在"极轴追踪"选项卡中设置"增量角"为 45°，如图 9-3 所示。

（2）选择【绘图】→【射线】命令，在平面图右侧适当位置绘制一条 225°的辅助射线。

（3）单击【正交】按钮，打开正交模式，在平面图的垂直各点处绘制水平射线。

图 9-3　草图设置中极轴追踪选项

(4) 捕捉水平射线与斜射线的交点，绘制垂直射线。上述三步完成后结果如图 9-4 所示，剖面图辅助线绘制完成。

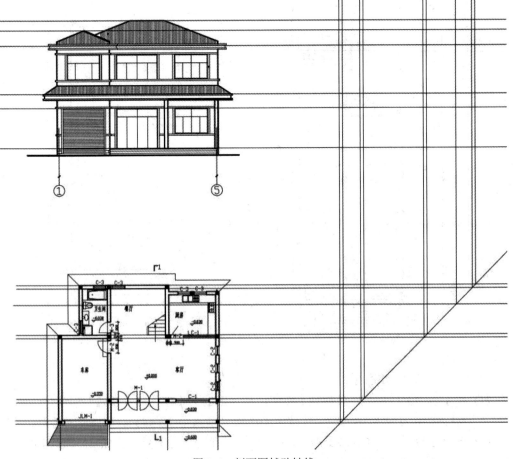

图 9-4　剖面图辅助轴线

9.2.2　确定墙体、梁板剖面

墙体是建筑剖面图上左右两侧的结构。由于在剖面图中不用考虑墙体的具体材料，所以不必考虑填充的问题。被剖切到的墙体用平行线表示，没有被剖切到的墙体使用细实线表示。绘制方法如下：

步骤一：通过偏移命令完善辅助线

用【偏移】命令将标高为 ±0.000 m 的水平辅助线分别向上偏移 1.425 m、2.375 m 生成楼梯平台处的水平辅助线，如图 9-5 所示，而后进一步完善剖面图所需的辅助线。

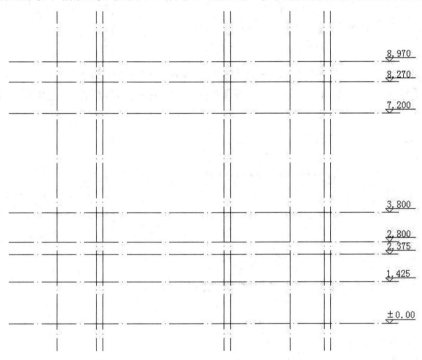

图 9-5　应用【偏移】命令完成辅助轴线

步骤二：绘制梁截面

单击【绘图】工具中的【矩形】按钮，分别绘制 240 mm × 240 mm，240 mm × 400 mm 的矩形，如图 9-6 所示。

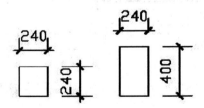

图 9-6　剖面图中的梁截面

将矩形插入到如图 9-7 所示位置，(A、B、C、E 位置放置 240 mm × 400 mm 截面梁，D 位置放置 240 mm × 240 mm 截面梁)，在插入时为了精确地插入位置，可打开【对象捕捉】命令。

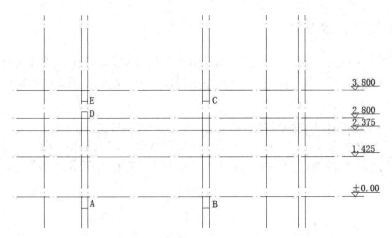

图 9-7　将绘制好的梁截面插入剖面图的适当位置

单击【绘图】工具栏中的【图案填充】按钮，利用 SOLID 图案填充矩形，其结果如图 9-8 所示。

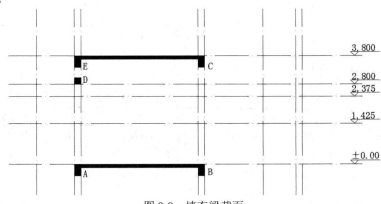

图 9-8　填充梁截面

步骤三：绘制楼板剖面

单击【绘图】工具栏中的【多段线】按钮，绘制线宽为 100 的多段线，其结果如图 9-9 所示，可打开【捕捉】命令快速精确绘图。

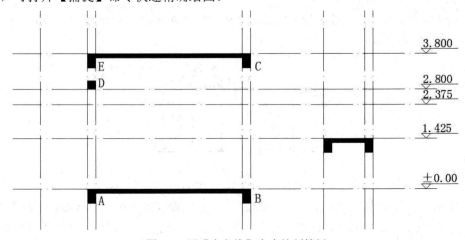

图 9-9　用【多段线】命令绘制楼板

9.2.3 确定楼梯剖面

步骤一：绘制楼梯踏步

单击【绘图】工具栏中的【直线】按钮，绘制一段折线，并绘制楼梯扶手，其结果如图 9-10 所示。

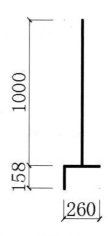

图 9-10 楼梯踏步和扶手

步骤二：阵列楼梯踏步和扶手

选择刚才绘制的踏步和扶手，单击【绘图】工具栏中的【阵列】按钮，弹出"阵列"对话框如图 9-11 所示，将图形矩形阵列为 1 行 9 列。单击【列偏移】按钮，捕捉图中端点 A 和 B，单击【阵列角度】按钮，捕捉图中端点 B 和 A。

单击"阵列"对话框中的【选择对象】按钮，选择所绘制的楼梯扶手和踏板直线，单击"阵列"对话框中的【确定】按钮，其阵列效果如图 9-12 所示。

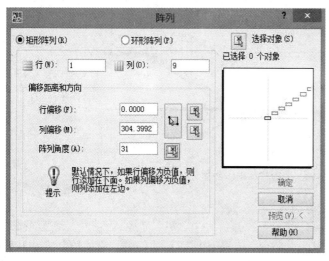

图 9-11 "阵列"对话框

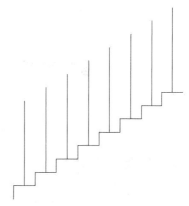

图 9-12 阵列后楼梯及扶手

步骤三：将绘制好的楼梯踏步插入图中适当位置

此时，台阶端部缺少一个栏杆，将栏杆复制到台阶端部，其结果如图 9-13 所示。

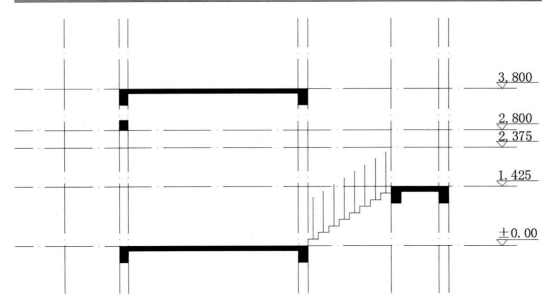

图 9-13　将绘制好的楼梯踏步插入图中适当位置

步骤四：完善楼梯线并填充楼梯。

其结果如图 9-14 所示。

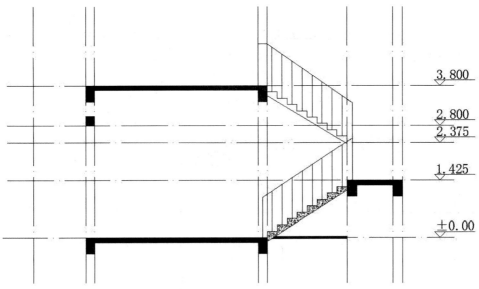

图 9-14　完善楼梯踏步并填充

9.2.4　门窗

在建筑剖面图中，门窗主要分为两大部分：一是被剖切到的门窗，它的绘制方法和建筑平面图中的门窗绘制方法相似；一类是没有被剖切到的门窗，它的绘制方法和建筑立面图中的门窗绘制方法相同。因此，用户可以借鉴前面几章的绘制方法来完成剖面图中门窗的绘制。门窗的形式和尺寸如图 9-15 所示。

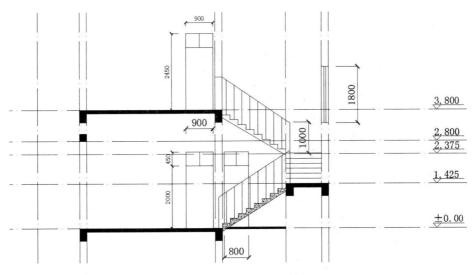

图 9-15 绘制门窗

9.2.5 其他(台阶、雨篷、散水等)

根据建筑剖面图及立面图,绘制其他部位剖面图,结果如图 9-16 所示。

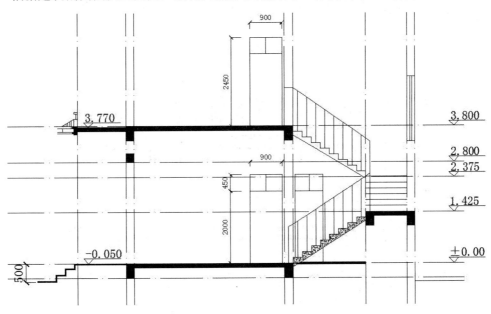

图 9-16 绘制其他部位剖面图

9.3 实 例 操 作

本例主要学习住宅楼剖面图的绘制方法,该建筑平面图见图 9-17,立面图见图 9-18,操作过程如下:

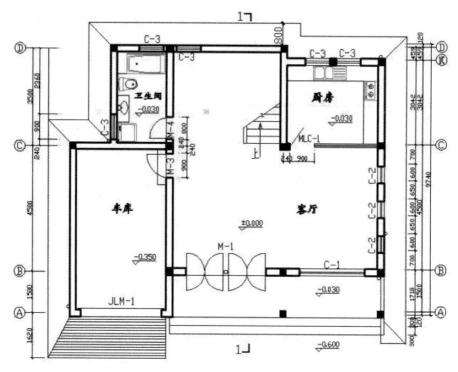

图 9-17　实例建筑平面图

图 9-18　实例立面图

步骤一：绘制梁板剖面，如图 9-19 所示。

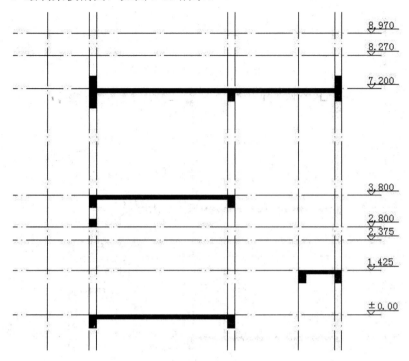

图 9-19 绘制梁板剖面

步骤二：绘制楼梯剖面，如图 9-20 所示。

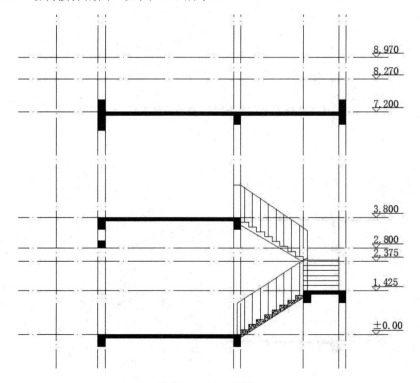

图 9-20 绘制楼梯剖面

步骤三：绘制门窗剖面，如图 9-21 所示。

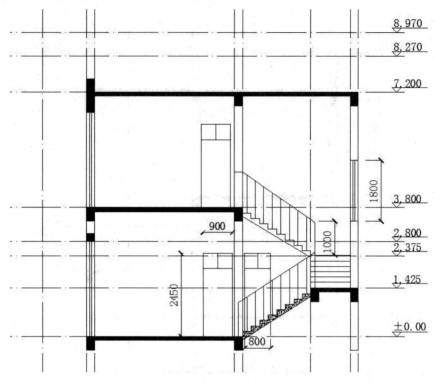

图 9-21　绘制门窗剖面

步骤四：绘制其他部分(台阶、雨篷、散水等)，如图 9-22 所示。

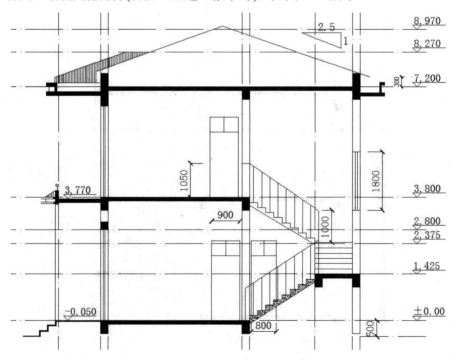

图 9-22　绘制其他部位剖面

步骤五：完善图形，如图 9-23 所示。

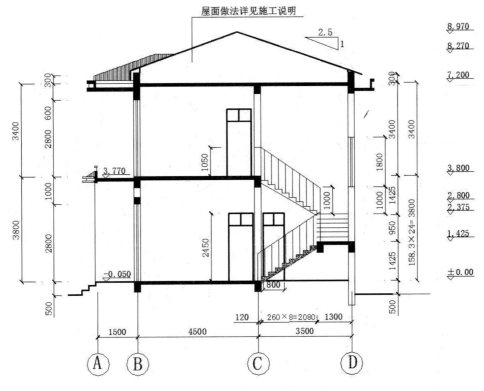

图 9-23　实例剖面图

剖面图除应画出剖切面切到的部分的图形外，还应画出沿投射方向看到的部分。被剖切面切到的部分的轮廓线用粗实线绘制，剖切面没有切到、但沿投射方向可以看到的部分，用中实线画出。

本　章　小　结

本章首先介绍了建筑剖面图的概念和绘制元素，而后介绍了利用 AutoCAD 软件绘制建筑剖面图的步骤。本章的学习重点是绘制建筑剖面图的顺序。本章的学习难点是：① 剖面图的定位操作；② 绘制楼板剖面和梁剖面；③ 尺寸标注。

练　习　题

1. 建筑剖面图的剖切位置如何选择？剖切符号的含义是什么？

2. 确定剖面图的定位轴线时，怎样利用建筑平面图和立面图？

3. 如何区分剖面图中剖到的部分和看到的部分？

4. 绘制建筑剖面图(见图 9-24)，保存为"1-1 剖面.dwg"。

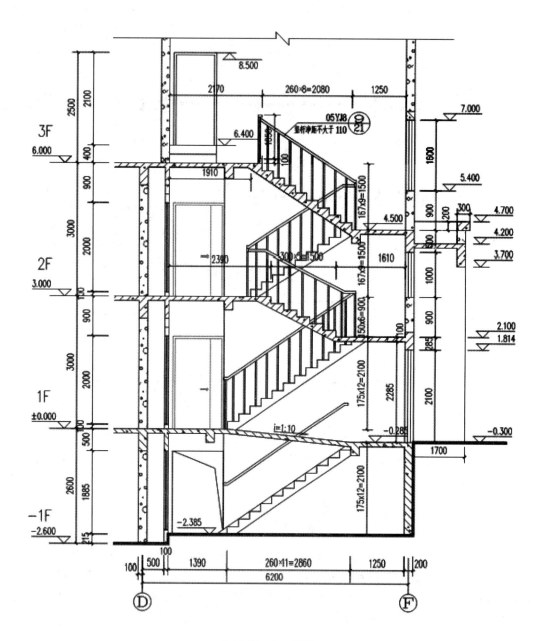

图 9-24　1-1 剖面

第10章　建筑详图

【知识框架及要求】

知识要点	细节要求	水平要求
建筑详图的概念	概念、比例、类型	熟悉
楼梯平面详图	绘制过程	熟练

10.1　建筑详图的概念与特点

　　建筑详图是为了表达建筑节点及构配件的形状、材料、尺寸、做法等细节，用较大比例画出的图形，它是建筑施工图中不可缺少的图样，常被称为大样图。

　　建筑详图是建筑平、立、剖面图的有力补充，通常采用的比例有：1∶1、1∶2、1∶5、1∶10、1∶15、1∶20、1∶25、1∶30 和 1∶50 等。建筑详图的种类和数量与工程的规模、结构的形式、造型的复杂程度等相关。常用的建筑详图有：楼梯间详图、独立基础详图、门窗详图、卫生间详图和墙体剖面详图等。本章通过介绍楼梯平面详图的绘制，说明AutoCAD 绘制建筑详图的方法。

10.2　楼梯平面详图

　　本节通过实例图 10-1 学习绘制楼梯平面详图的过程。

10.2.1　楼梯平面详图绘制步骤

步骤一：绘制轴线

(1) 利用【直线】命令绘制横向轴线 D～F 和纵向轴线 4～7，长度分别为 7000 和 9300。

(2) 利用【圆】命令绘制轴号，填写文字。如图 10-2 所示。

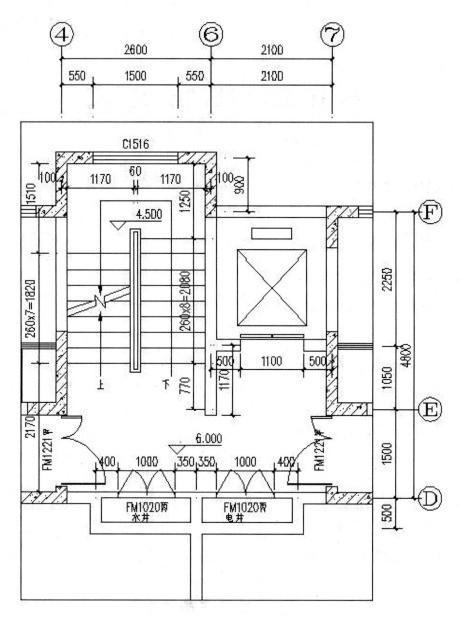

楼梯平面详图 1:50

图 10-1 楼梯平面详图

步骤二：绘制墙体

(1) 设置多线样式，确定墙体厚度 200。

(2) 利用【多线】命令绘制墙体。

(3) 利用【修改】→【对象】→【多线(M)】命令修改墙体。

(4) 利用【填充】命令填充剪力墙。如图 10-3 所示。

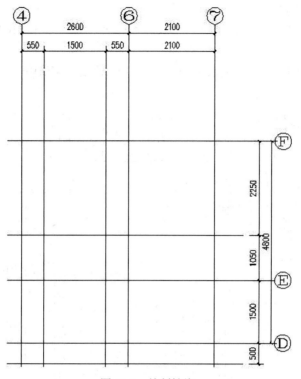

图 10-2 绘制轴线

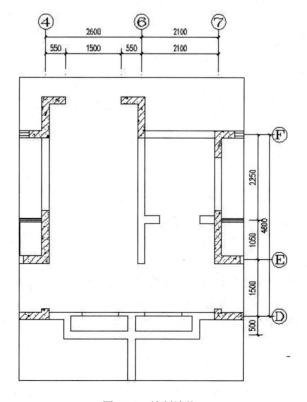

图 10-3 绘制墙体

步骤三：绘制门窗、楼梯和电梯

(1) 利用【多段线】命令绘制门 FM1221 甲(甲级防火门)和 FM1020 丙(丙级防火门)。

(2) 利用【多段线】命令绘制电梯。

(3) 利用【阵列】命令绘制楼梯，利用【多段线】命令绘制折断线和楼梯方向线。如图 10-4 所示。

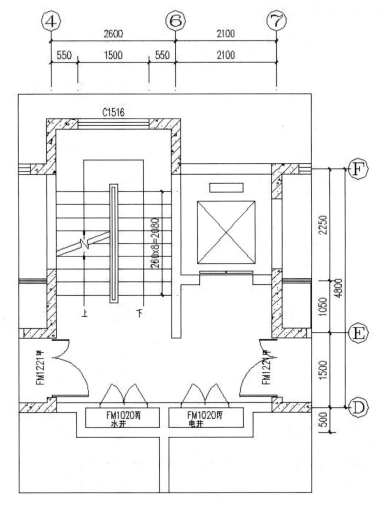

图 10-4　绘制门窗、楼梯和电梯

步骤四：尺寸标注、标高和文字

(1) 设置标注样式。

(2) 利用【标注】→【线性】和【快速标注】命令进行尺寸标注。

(3) 利用【多段线】命令绘制标高符号，并注明数字。

(4) 利用【绘图】→【文字】和【多行文字】命令标注图名。如图 10-1。

10.2.2　注意事项

详图通过文字说明对结构局部特点进行具体要求，书写时语言要简明扼要，文字布置要协调、合理、美观。详图通过尺寸标注、标高对结构构件位置进行具体说明，标注时要尽可能详细。同时，建筑详图是对某些建筑结构的详细描述，它所标注的尺寸和文字描述都将直接反映在现场施工过程中，因此，文字和标注要极为重视准确性，不能漏项。

本 章 小 结

本章首先介绍了建筑详图的概念和绘制元素，而后介绍了利用 AutoCAD 软件绘制建筑详图的步骤。本章的学习重点是绘制建筑详图的顺序。本章的学习难点是楼梯平面详图中门窗、楼梯和电梯的绘制。

练 习 题

1. 什么是建筑详图？它在建筑工程施工图纸中的作用是什么？
2. 绘制如图 10-5 所示的花池详图。

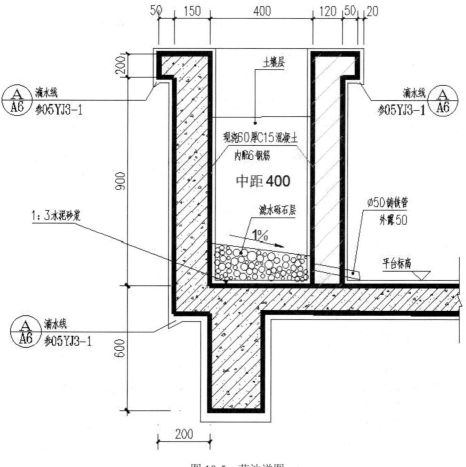

图 10-5　花池详图

3. 绘制如图 10-6 所示的屋顶排烟道详图。

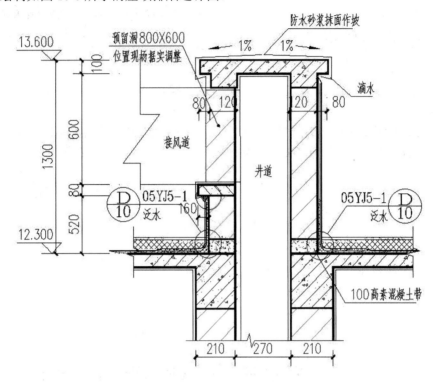

图 10-6　屋顶排烟道详图

4. 绘制如图 10-7 所示的教室天窗做法详图。

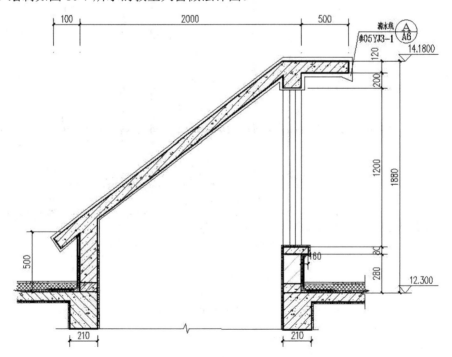

图 10-7　教室天窗做法详图

5. 绘制如图 10-8 所示的空调板节点大样图。

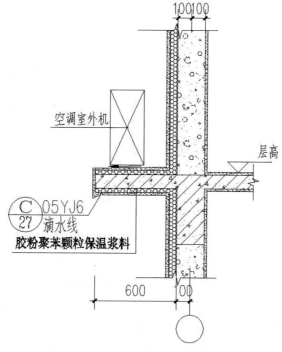

图 10-8　空调板节点大样图 1∶30

5. 绘制如图 10-9 所示的集水坑剖面详图。

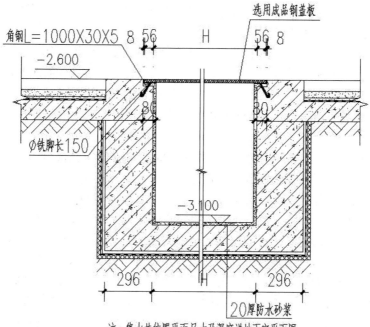

注：集水井位置平面尺寸及深度详地下室平面图

图 10-9　集水坑剖面详图 1∶25

第 11 章　BIM 和 AutoCAD 拓展软件

【知识框架及要求】

知识要点	细节要求	水平要求
BIM	概念、应用与范畴	熟悉
Revit 软件	概念、特性、功能与操作界面	熟悉
天正建筑 CAD 软件	TArch 的特点	了解
结构分析 PKPM 软件	PKPM 的特点	了解

　　BIM 是 Building Information Modeling 的缩写,即建筑信息模型,是由欧特克(Autodesk)公司提出的一种新的流程和技术,是整合整个建筑信息的三维数字化新技术,是支持工程信息管理最强大的工具之一。Revit 是 Autodesk 公司专门为建筑信息模型构建的一套系列软件的名称。Autodesk Revit 作为一种应用程序提供,结合了 Revit Architecture、Revit MEP 和 Revit Structure 软件的功能,内容涵盖了全部建筑、结构、机电、给排水和暖通等专业,是 BIM 领域内最知名、应用范围最广泛的软件。

　　AutoCAD 作为一款计算机辅助设计与绘图软件,不仅在建筑工程绘图领域得到广泛的应用,而且是目前国内外应用最广泛的 CAD 支撑软件。AutoCAD 的成功在于它具有开放的体系结构,允许用户对其功能进行扩充、修改和发展,最大限度地满足用户的特殊要求,即所谓用户化或用户定制。AutoCAD 最强有力的扩充手段是通过支持高级语言编程提供应用程序的二次开发环境和工具。随着科技的进步与发展,国内外一些基于 AutoCAD 软件二次开发的拓展软件对于绘制建筑工程图更有针对性、更加快捷高效。

　　AutoCAD 拓展软件是指专业 CAD 软件,即利用 AutoCAD 系统提供的二次开发工具和数据接口功能,将建筑设计、结构设计、景观设计等专业设计技术融合到 AutoCAD 系统中,从而使系统能够按照某个专业设计的方法进行设计和绘图的计算机辅助设计软件。

　　目前,国内外专门从事建筑工程领域 AutoCAD 软件研发的单位及相应产品较多,在这里不再一一列举。本章主要介绍几种国内应用极为广泛的建筑工程领域 AutoCAD 拓展软件——Revit、天正建筑 CAD 软件和结构分析 PKPM 软件。需要注意的是,这些拓展软件的界面与 AutoCAD 大同小异,只是添加了相应的菜单或工具,其操作方法与 AutoCAD 保持高度一致,熟练的 AutoCAD 用户无需改变操作习惯,只需具备相应的专业知识,熟悉适应之后很快就能上手操作。因此,熟练掌握 AutoCAD 软件的各种操作方法是学习 CAD 拓展软件的基础。

11.1　BIM 简　介

　　当前经济环境下，建筑与土木工程领域的设计和施工企业面临诸多挑战和激烈的竞争，企业必须证明其能够提供业主期望的价值才能赢得新的工程项目。这就意味着企业必须重新审视原有的工作方式，提高项目工程整体效率。因此，从大型总包商到施工管理专家，再到业主、咨询顾问和施工行业从业人员，都希望采用各种新方法提高工作效率，最大限度地降低设计和施工流程的成本，基于模型设计和施工方法即建筑信息模型(BIM 概念)随之产生。

　　1975 年，"BIM 之父"——乔治亚理工大学的 Chuck Eastman 教授在其研究的课题 "Building Description System" 中提出 "computer based description of a building"，以便于实现建筑工程的可视化和量化分析，提高工程建设效率。2002 年，Autodesk 公司副总裁 Phil Bernstein 向美国建筑师协会(AIA)提出了建筑信息化模型的设计理念，Building Information Modeling 一词正式诞生。

　　目前，伴随着经济持续高速发展，中国已经成为世界上工程建设最活跃的国家，也推动了 BIM 在国内建筑行业的发展日新月异。2011 年，住房和城乡建设部在《2011-2015 年建筑业信息化发展纲要》中明确提出，在"十二五"期间加快建筑信息模型(BIM)、基于网络的协同工作等新技术在工程中的应用，并特别要求"完善建筑业行业与企业信息化标准体系和相关的信息化标准"。2016 年 12 月 2 日住房和城乡建设部、国家质监总局联合发布国家标准《建筑信息模型应用统一标准》，编号为 GB/T 51212-2016，如图 11-1 所示。

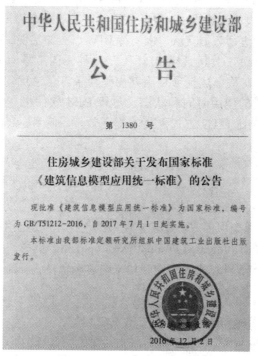

图 11-1　住房和城乡建设部第 1380 号公告

11.1.1　什么是 BIM

从理念上说，BIM 试图将建筑项目的所有信息纳入到一个三维的数字化模型中，可以认为 BIM 模型就是真实建筑物在电脑中的数字化记录。这个模型不是静态的，而是随着建筑生命周期的不断发展而逐步演进的，从前期方案到详细设计、施工图设计、建造和运营维护等各个阶段的信息都可以不断集成到模型中。当设计、施工、运营等各方人员需要获取建筑信息时，如图纸、材料统计、施工进度等，都可以从该模型中快速提取出来。同时，BIM 也在改变企业内部以及企业之间的合作方式。

BIM 是一种理念，即建立一个多维模型平台，使工程项目设计、施工、运营之间的协调工作实现精细化管理。BIM 的关键在于其对建筑全生命周期的应用，从概念设计到后期施工，再到竣工乃至拆除，BIM 是可以贯穿始终的。在各阶段不同的利益相关者，都可以通过 BIM 建立的模型平台来查看自身的业务状况，然后做出合理判断，达成一致为同一项目服务的行为。BIM 理念要从以下四个关键点进行理解：

BIM 不等同于三维模型，也不仅仅是三维模型和建筑信息的简单叠加。虽然称 BIM 为建筑信息模型，但 BIM 实质上更关注的不是模型，而是蕴藏在模型中的建筑信息，以及如何在不同的项目阶段由不同的人来应用这些信息。三维模型只是 BIM 比较直观的一种表达方式。如前文所述，BIM 致力于分析和改善建筑在其全生命周期中的性能，并使原本离散的建筑信息能够更好地整合。

BIM 不是一个具体的软件，而是一种流程和技术。BIM 的实现需要依赖于多种(而不是一种)软件的相互协作。有些软件适用于创建 BIM 模型(如 Revit),而有些软件适用于对模型进行性能分析(如 Ecotect)或者施工模拟(如 Navisworks),还有一些软件可以在 BIM 模型基础上进行造价概算或者设施维护等。一种软件不可能完成所有的工作，关键是所有的软件都能够依据 BIM 的理念进行数据交流，以支持 BIM 流程的实现。

BIM 不仅是一种设计工具，甚至 BIM 不是一种画图工具，而是一种先进的项目管理理念。BIM 的目标是在整个建筑项目周期内整合各方信息优化方案、减少错误和降低成本，最终提高建筑物的使用时间和状态。尽管 BIM 软件也能用于输出图纸，并且熟练的 BIM 用户可以达到比 CAD 方式更高的出图效率，但"提高出图速度"并不是 BIM 的出发点。

BIM 不仅是一个工具的升级，而是整个行业流程的一次革命。BIM 的应用不仅会改变设计院内部的工作模式，也将改变业主、设计、施工方之间的工作模式，而且在 BIM 技术支撑下，设计方能够对建筑的性能有更多掌控，而业主和施工方也可以更多更早地参与到项目的设计流程中，以确保多方协作创建更好的设计，满足业主的需求。在美国，已经有一些项目开始采取 IPD(Integrated Product Development，集成产品开发)这样的新型协作模式；在我国，随着民用建筑越来越多地开始采取总承包模式，设计和施工流程愈加整合，BIM 也更能发挥出它的价值。

11.1.2　BIM 的国内应用背景

随着科技的进步，建筑技术越来越复杂，越来越多各具特色、结构复杂的建筑问世，如北京鸟巢体育场、水立方游泳馆、安徽钢琴屋(见图 11-2)、湖州喜来登酒店、港珠澳大桥、苏州博物馆新馆(见图 11-3)、北京银河 SOHO(见图 11-4)、哈尔滨大剧院(见图 11-5)等。这些建筑代表着当代的建筑科技发展高度,设计精细、施工难度大、整合信息困难。同时,一个完整的工程项目,在生命周期(含规划、设计、施工、营运、维修等)各阶段必须整合各种专业技术(包含建筑、结构、机电、交通、地工等),面对越来越复杂的工程项目,不论是过去的手绘设计还是计算机 2D 设计,都已无法满足现阶段的需求。

图 11-2　安徽钢琴屋

图 11-3　苏州博物馆新馆

图 11-4 北京银河 SOHO

图 11-5 哈尔滨大剧院

　　此外，各种工程图纸及说明的制作，通常由各种不同专业领域的人员分别完成，且在各团队内的工作并非固定一人负责，例如建筑师团队负责建筑设计、结构技师团队负责结构分析与评估等，且各团队使用的方法与软件可能有所不同，图档的建制未必考虑到后续的需求或应用。因此，从不同团队中取得的信息如何在接口不尽相同的情况下整合起来，对从业人员来说是一大挑战。在这样的背景下，BIM 在国内的应用势在必行。

11.1.3　BIM 常用软件

1.　Revit

Revit 是国内民用建筑领域里最为常用的 BIM 建模软件。Revit 不能当作建模软件来用，Revit 的原理是组合，就像乐高积木一样，它的门、窗、墙、楼梯等都是组件，而建模的过程则是将这些组件拼成一个模型。

2.　Navisworks

Autodesk 公司于 2007 年收购 Navisworks。Navisworks 的软件很大，功能和操作却很简单，它能将很多种不同格式的模型文件合并在一起，并基于这个能力产生了三个主要应用功能：漫游、碰撞检查、施工模拟。

3.　Civil 3D

这是一款专门定制的 AutoCAD，主要功能是地块的道路建模、土方计算、雨水分析等，是一款地理空间设计软件。

4.　ArchiCAD(AC)

ArchiCAD 主要是建筑专业的建模，有类似族的概念(在"Design"工具栏下)，但没有族类型，有图层概念，更适合于 CAD 设计师使用。对如结构、暖通专业等处理存在弱项。

5.　Tekla

这个是钢结构的重量级软件，但建筑设计功能相对较少，Tekla 也是一个主攻 GPS 定位和测绘技术的公司，并收购了 SketchUp。

6.　MagiCAD

MagiCAD 是一款基于 AutoCAD 的软件，主要应用于机电领域，并被很多单位使用。对于习惯 CAD 的设计师来说，用 MagiCAD 会很容易上手。但在做管线综合时，没有 Revit 方便。

7.　广联达/鲁班

这两款软件主要应用于工程量统计和进度管理。

土建部分工程量的提取，可以用 Revit 导出的 IFC 格式文件给广联达土建算量软件(GCL)进行计算。但是，Revit 钢筋这个部分有些 bug，所以，一般钢筋由广联达钢筋算量软件(GGJ)自己建模，然后提取。广联达与 Revit 直接提取的计算工程量偏差不超过 3%时，一般投资监理认为在合理范围。此外，通过鲁班 BIM 系统和广联达 BIM 5D(是在 BIM 技术的基础上，加入时间和成本两个维度，封装成的五维信息载体)可以实现有效的进度管理。

综合来讲，BIM 的应用软件众多，主流软件见表 11-1。

表 11-1　BIM 的主流应用软件及特点

序号	软件类型	突出应用特点
1	核心建模软件	Revit(民建设计、综合设计) Bentley(基建设计、综合设计) ArchiCAD(建筑设计，上手容易) CATIA(机械设计、曲面设计)
2	辅助设计软件	Rhino(幕墙设计、曲面设计) Tekla(结构设计) MagiCAD(机电设计，基于 Revit/AutoCAD) SketchUp(概念设计，上手容易) Civil 3D(土木工程设计)
3	可持续分析软件	PKPM、鸿业、博超、Ecotect、IES、GBS
4	结构分析软件	PKPM、YJK、Robot、STAAD、ETABS
5	可视化软件	Navisworks、Lumion、Fuzor、3ds max
6	工程造价软件	广联达、鲁班、斯维尔
7	运营管理软件	ARCHIBUS、Autodesk FM Desktop、ArchiFM
8	Revit 二次开发软件	Extensions(速博插件)、族库大师系列(辅助设计)、橄榄山系列(辅助设计)、鸿业(辅助设计)、ENSCAPE™(可视化)、RevitBus(插件商店)

11.1.4　BIM 与 AutoCAD 的区别

BIM 由三维 CAD 技术发展而来，但它的目标比 CAD 更高远。如果说 CAD 是为了提高建筑师的绘图效率，那么 BIM 则致力于改善建筑项目全生命周期的性能表现和信息整合。从技术上说，BIM 不像传统的 CAD，将建筑信息存储在相互独立的成百上千的 dwg 文件中，而是用一个模型文件来存储所有的建筑信息。当需要呈现建筑信息时，建筑平面图、剖面图、门窗明细表，甚至是材料、造价与进度计划等信息，都可以从模型文件实时动态生成出来，可以理解成一个数据库的视图。因此，不管在模型中进行了什么修改，所有相关的视图都会实时动态更新，从而保持所有数据一致和最新，从根本上消除了 CAD 图形修改时版本不一致的问题。

11.1.5　BIM 在土木工程中的应用

BIM 在土木工程中的应用主要有以下几方面。

1. 可视化

BIM 使设计师不仅拥有了三维可视化的设计工具，所见即所得(如图 11-6 所示)，更重要的是通过工具的提升，使设计师能使用三维来完成建筑设计，同时也使业主及最终用户真正摆脱了技术壁垒的限制，随时知道自己的投资能获得什么样的工程。此外，这种可视化不仅包含外观建筑造型的可视，而且包含构件尺寸、角度、体积、造价等信息，如图 11-7 所示可以看到基坑 JK1 的各种各样信息。

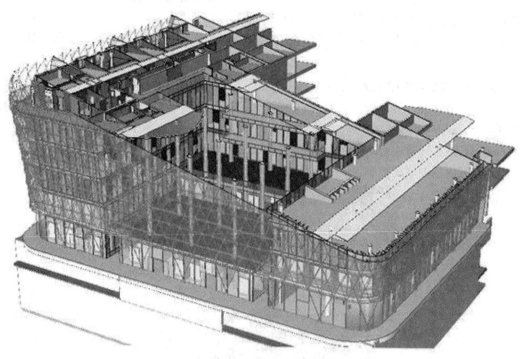

图 11-6　Revit 项目选取剖面三维图

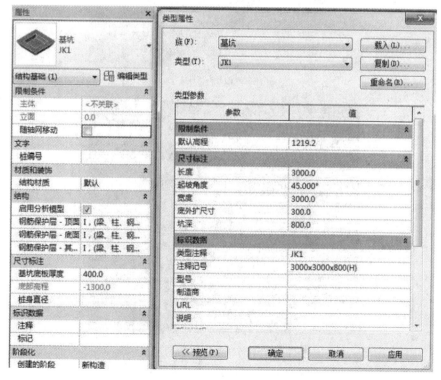

图 11-7　Revit 图中基坑 JK1 的基本信息

2. 工程量统计

BIM 是一个富含工程信息的数据库, 可以真实地提供造价管理等需要的工程量信息。准确的工程量统计可以用于前期设计中的成本估算、在业主预算范围内不同设计方案的探索或者不同设计方案建造成本的比较, 以及施工开始前的工程量预算和施工完成后的工程量决算。

3. 管线综合与碰撞检查

通过搭建各专业的 BIM 模型, 设计师能够在虚拟的三维环境下方便地发现设计中的碰撞冲突, 从而大大提高了管线综合的设计能力和工作效率(如图 11-8 所示)。这不仅能及时排除项目施工环节中可能遇到的碰撞、冲突, 显著减少由此产生的变更申请单, 更能大大提高施工现场的生产效率, 降低由于施工协调造成的成本增长和工期延误。

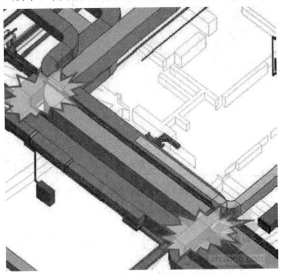

(a) 碰撞检查视图

(b) 管线竣工实景

图 11-8　Navisworks 进行碰撞检查

4. BIM 模型维护

根据项目建设进度建立和维护 BIM 模型，实质是使用 BIM 平台汇总各项目团队所有的建筑工程信息，消除项目中的信息孤岛，并且将得到的信息结合三维模型进行整理和储存，以备项目各相关利益方随时共享。模型根据需要包括设计模型、施工模型、进度模型、成本模型、制造模型、操作模型等。

5. 场地分析

BIM 结合地理信息系统(GIS)，对场地及拟建的建筑物空间数据进行建模，建立建筑物与周围景观、场地地貌、植被、气候条件的联系，能够帮助项目在规划阶段评估场地的使用条件和特点，从而做出新建项目最理想的场地规划、交通流线组织关系、建筑布局等关键决策。

6. 施工进度模拟

BIM 与施工进度计划相链接，将空间与时间信息整合在一个可视的 4D(3D + Time) 模型中，可以直观、精确地反映整个建筑的施工过程。施工模拟技术可以在项目建造过程中合理制定施工计划，利用 4D 模型精确掌握施工进度，优化使用施工资源以及科学地进行场地布置，对整个工程的施工进度、资源和质量进行统一管理和控制，以缩短工期、降低成本、提高质量。此外借助 4D 模型，施工企业在工程项目投标中将获得竞标优势，BIM 可以协助评标专家从 4D 模型中很快了解投标单位对投标项目主要施工的控制方法，查看施工安排是否均衡、总体计划是否基本合理等，从而对投标单位的施工经验和实力作出有效评估。

7. 施工数字化建造

BIM 结合数字化制造也能够提高建筑行业的生产效率与成品精度，不会出现传统建筑项目实施时方案、施工图、竣工图三者之间差别偏大的情况。许多建筑构件可以通过数字化建造实现异地加工、施工现场装配(例如门窗、预制混凝土结构和钢结构等构件)，降低建造误差、缩短工期。

8. 精确资产管理

由于建筑施工和运营的信息割裂，使得建筑成品资产信息需要在运营初期依赖大量的人工操作来录入，而且很容易出现数据录入错误。BIM 中包含的大量建筑信息能够顺利导入资产管理系统，大大减少了系统初始化在数据准备方面的时间及人力投入。此外通过 BIM 结合 RFID(Radio Frequency Identification，射频识别技术)的资产标签芯片还可以使资产在建筑物中的定位及相关参数信息一目了然，实现快速查询。

11.2　Revit 简介

11.2.1　Revit 概念及其对 BIM 的意义

Revit 是 Autodesk 公司一套系列软件的名称，是专门为建筑信息模型而构建的软件。

Autodesk Revit 作为一种应用程序，结合了 Revit Architecture、Revit MEP 和 Revit Structure 软件的功能，涵盖了全部建筑、结构、机电、给排水和暖通专业，是 BIM 领域内最为知名、应用范围最为广泛的软件。

Revit 是实现 BIM 理念最重要、最基础的一个工具，是国内外使用最多的三维参数化建筑设计软件。它以三维设计为基础理念，直接采用建筑师熟悉的墙体、门窗、楼板、楼梯、屋顶等构件为命令对象，快速创建出项目的三维虚拟 BIM 建筑模型。利用 Revit 软件的建筑设计工具可以让建筑师在三维设计模式下方便地推敲设计方案，快速表达设计意图，创建三维 BIM 模型，并以三维 BIM 模型为基础，自动生成所需的建筑施工图，从概念到方案，最终完成整个建筑设计过程。

11.2.2　Revit 的特性

Revit 有以下七个特性，在使用中要悉心掌握：

(1) 建立具有现实意义的三维建筑信息模型概念。例如创建墙体模型时，不仅能建立精准的三维模型，而且把构造层、内外墙差异、材料特性、时间及阶段信息等都囊括进去。因此创建模型时，这些概念都需要根据项目需要进行考虑。

(2) 关联和关系。Revit 建立平立剖图纸与模型、明细表的实时关联，实现一处修改、全部修改的特性，如墙和门窗的依附关系建立后，墙能附着于屋顶楼板等主体的特性；栏杆能指定坡道楼梯为主体，实现尺寸、注释和对象的关联关系等。

(3) 参数化设计。通常，类型参数、实例参数、共享参数等能够对构件的尺寸、材质、可见性、项目信息等属性进行控制。而 Revit 不仅能实现建筑构件的参数化，而且可以通过设定约束条件实现标准化设计，如整栋建筑单位的参数化、工艺流程的参数化、标准厂房的参数化设计等。

(4) 设置限制性条件，即约束。如设置构件与构件、构件与轴线的位置关系，设定调整变化时相对位置变化的规律。

(5) 协同设计的工作模式，即工作集(在同一个文件模型上协同)和链接文件管理(在不同文件模型上协同)工作模式。

(6) 阶段的应用引入了时间的概念，实现了四维的设计施工和建造管理，使阶段设置可以和项目工程进度相关联。

(7) 实时统计工程量的特性。可以根据阶段的不同，按照工程进度的不同阶段分期统计工程量。

11.2.3　Revit 的基本功能

Revit 能使用户与工程师、承包商与业主更好地沟通协作得益于其六大基本功能：

(1) 概念设计功能。Revit 的概念设计功能为自由形状建模和参数化设计提供了工具，使用户从方案阶段起就能对设计进行分析，并可以自由绘制草图，快速创建三维形状，交互处理各种形状；可以利用内置的工具构思并表现复杂的形状，为创建预制和施工环节的模型做好准备。

(2) 建筑建模功能。Revit 的建筑建模功能可以帮助用户将概念转换成全功能建筑设计。用户通过选择并添加面可以设计墙、屋顶、楼层和幕墙系统，可以通过面提取重要的建筑信息，如每个楼层的总面积。此外，用户还可以将基于相关软件应用的概念性体量转化为 Revit 建筑设计中的体量对象进行方案设计。

(3) 详图设计功能。Revit 附带了丰富的详图库和详图设计工具，能够进行广泛的预分类。用户可以根据标准创建、共享和定制详图库。

(4) 材料算量功能。材料算量功能非常适合于计算可持续设计项目中的材料数量和估算成本，可以显著优化材料数量跟踪流程。随着项目的推进，Revit 的参数化变更引擎将随时更新材料统计信息。

(5) 冲突检测功能。用户可以使用冲突检测功能来扫描创建的建筑模型，查找构件间的冲突。

(6) 设计可视化功能。Revit 的设计可视化功能可以创建并获得如照片般真实的建筑设计创意和环境效果图，使用户在实际动工前体验设计创意。Revit 中的渲染模块能够在短时间内生成高质量的渲染效果图，展示出令人震撼的设计作品。

11.2.4　Revit 的项目操作界面

双击启动 Revit 后，显示出图 11-9 所示的"最近使用的文件"界面。在该界面中，Revit 按时间顺序依次列出最近使用的项目文件和最近使用的族文件缩略图和名称。用鼠标单击缩略图将打开对应的项目或族文件。移动鼠标指针至缩略图上不动时，将显示该文件所在的路径及文件大小、最近修改日期等详细信息。

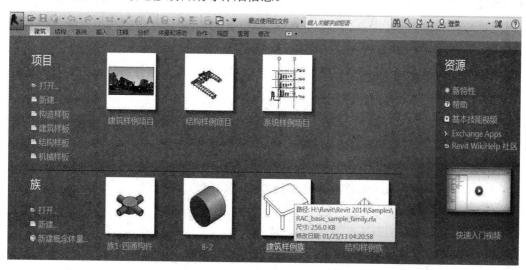

图 11-9　"最近使用的文件"界面

如果是第一次启动 Revit，则会显示软件自带的基本样例项目和高级样例项目两个样例文件，以方便用户感受 Revit Architecture 的强大功能。

11.2.5 操作界面构成

Revit 的操作界面由 11 个部分构成(如图 11-10 所示)，分别是：应用程序菜单、选项卡、快速访问栏、帮助与信息中心、面板、功能区、属性面板、项目浏览器、状态栏、视图控制栏和绘图区域。

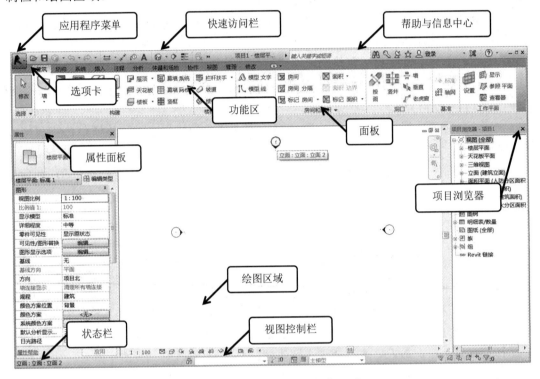

图 11-10　Revit 建筑项目操作界面

创建 Revit 项目文件：在"项目"下方点击【新建】选项，在弹出的对话框(见图 11-11)中选择【建筑样板】→【确定】，进入到 Revit 建筑项目编辑操作界面，如图 11-12 所示。

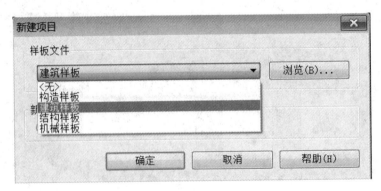

图 11-11　新建 Revit 建筑项目

(1) 应用程序菜单，提供了主要的文件操作管理工具，包括新建文件、保存文件、导出文件、发布文件等工具，如图 11-12 所示。

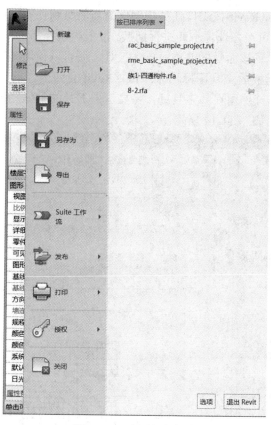

图 11-12　应用程序菜单

(2) 功能区。创建或打开文件时，功能区可以提供创建项目或族所需的所有工具。根据设计需要，可以在建筑、结构、系统(管道)、注释等之间进行切换，如图 11-13 所示。

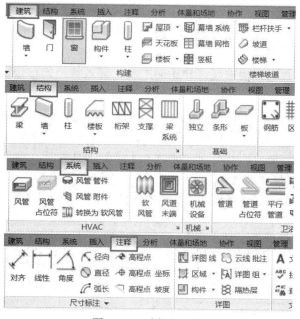

图 11-13　功能区切换

(3) 选项卡和面板。Revit 按工作任务将软件的功能组织在不同的选项卡和面板中，鼠标单击选项卡名称，便可在各选项卡间进行切换，每个选项卡都包括一个或多个工具面板，每个面板都会在下方显示该面板的名称，单击工具，便可以使用该工具。

移动鼠标指针至面板的工具图标稍做停留，Revit 会弹出当前工具的名称及文字操作说明，如果鼠标指针继续停留在该工具处，将显示该工具的具体图示说明，对于复杂的工具还将演示动画说明，如图 11-14 所示。

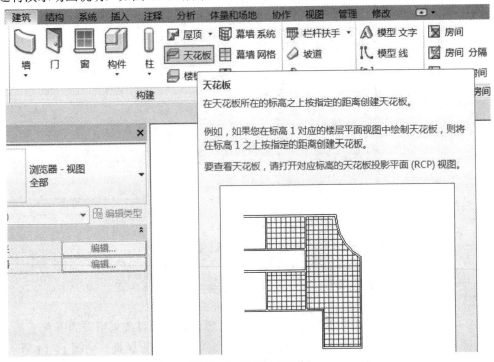

图 11-14　选项卡和面板

单击选项板状态切换按钮 ，可切换最小化显示选项卡、面板标题、面板按钮和完整功能区三种显示状态。

(4) 快速访问栏。为了快速执行和访问工具，可以将经常使用的工具放置在快速访问栏。

如果需要将功能区面板中的工具放置在快速访问栏，只需在该工具上单击右键，从弹出的菜单中选择"添加到快速访问工具栏"命令即可。例如，要将【窗】工具放置在快速访问工具栏中，则用鼠标右键单击【窗】工具图标，选择"添加到快速访问工具栏"命令即可。同样，要从快速访问工具栏中删除【窗】工具，在快速访问工具栏【窗】工具上单击鼠标右键，在弹出的菜单中选择"从快速访问工具栏中删除"命令即可。如图 11-15 所示。

图 11-15　设置快速访问工具栏

(5) 帮助与信息中心。为了方便用户在遇到困难时查阅，Revit 提供了非常完善的帮助文件系统。可以单击"帮助与信息中心"栏中的【帮助】按钮或按键盘 F1 键，打开帮助文件查阅相关的帮助，如图 11-16 所示。

图 11-16　【帮助】按钮弹出目录

(6) 属性面板。属性面板的主要功能是查看和修改图元属性特征，由 4 部分组成：类型选择器、编辑类型、属性过滤器和实例属性，如图 11-17 所示。

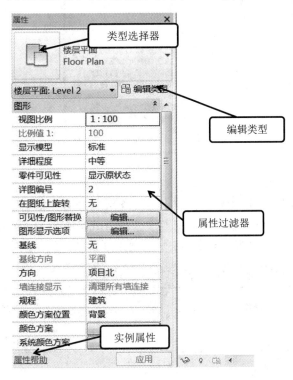

图 11-17　属性面板

　　类型选择器。绘制图元时，"类型选择器"会提示项目构件库中的所有族类型，并可通过"类型选择器"对已有族类型进行替换调整。

　　属性过滤器。在绘图区域选择多类图元时，可以通过"属性过滤器"选择所选对象中的某一类对象。

　　编辑类型。单击【编辑类型】按钮，展开新对话窗口，可以调整所选对象的类型参数。

　　实例属性。可以改变某一图元的相应参数。

　　注意：当不小心关闭了属性面板，需要重新调出时，有三种方法。

▶ 绘图区域空白处右键→点击【属性】

▶ 快捷键：PP(不用按空格，与 CAD 完全不同)

▶ 点击选项卡【视图】→【用户界面】→【属性】(打钩)

　　移动属性面板的方式：鼠标拖动到屏幕左侧(是鼠标到左侧，不是面板左端到左侧)。

　　(7) 项目浏览器。用于管理整个项目所涉及的视图、明细表、图纸、族和其他对象，呈树状结构，各个层级可以展开、折叠，如图 11-18 所示。

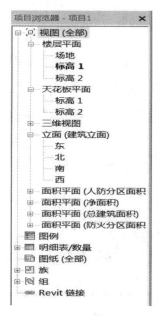

图 11-18　项目浏览器

　　(8) 状态栏。用于显示和修改当前命令操作或功能所处状态。状态栏主要包括当前操作状态、工作集状态栏、设计选项状态栏、快捷方式，如图 11-19 所示。其中，"当前操作状态"是 Revit 与绘图者沟通的地方，初学者要多看该状态栏，实时关注 Revit 的操作提示。

(a) 当前操作状态　　　　　　　　　　　(b) 工作集状态栏

(c) 设计选项状态栏　　　　　　　　　　(d) 快捷方式

图 11-19　状态栏

(9) 视图控制栏。视图控制栏的主要功能是控制当前视图显示样式，包括视图比例、详细程度、视觉样式、日光路径、阴影设置、视图裁剪、视图裁剪区域可见性、三维视图锁定、临时隐藏、显示隐藏图元、临时视图属性、隐藏分析模型等，如图 11-20 所示。

$$1:100 \quad \boxed{} \quad \boxed{} \quad \text{(图标若干)}$$

图 11-20　视图控制栏

▶ 视图比例 1 : 100 。可用视图比例对视图指定不同比例。

▶ 详细程度 ▣ 。Revit 系统有"粗略""中等"或"精细"三种详细程度，通过指定详细程度，可控制视图显示内容的详细级别。

▶ 视觉样式 ▢ 。Revit 提供了线框、隐藏线、着色、一致的颜色、真实、光线追踪 6 种不同的视觉样式，通过指定视觉样式，可以控制视图颜色、阴影等要素的显示。

▶ 日光路径 ▧ 。开启日光路径可显示当前太阳位置，配合阴影设置可以对项目进行日光研究。

▶ 阴影设置 ▧ 。通过日光路径和阴影的设置，可以对建筑物或场地进行日光影响研究。

▶ 视图裁剪 ▧ 。开启视图裁剪功能，可以控制视图显示区域，视图裁剪又分为模型裁剪区域、注释裁剪区域，分别控制模型和注释对象的显示区域。

▶ 视图裁剪区域可见性 ▧ 。视图裁剪区域可见性主要控制该裁剪区域边界的可见性。

▶ 临时隐藏设置 ▧ 。临时隐藏设置分为按图元和按类别两种方式，可以临时性隐藏对象。当关闭该视图窗口后，重新打开该视图，被临时隐藏的对象会重新显示出来。

▶ 显示隐藏图元 ▧ 。开启该功能可以显示所有被隐藏图元。被隐藏图元以深红色标示，选择被隐藏图元后，单击鼠标右键，可使用【取消在视图中隐藏】命令取消对此对象的隐藏。

▶ 临时视图属性 ▧ 。开启临时视图模式，可以使用临时视图样板控制当前视图，在选择清除或【恢复视图属性】前，视图样式均为临时视图样板样式。

▶ 隐藏分析模型 ▧ 。通过隐藏分析模型，可隐藏当前视图中的结构分析模型，不影响其他视图显示。

(10) 绘图区域。主要用于设计操作绘图，显示项目浏览器中所涉及的视图、图纸、明细表等相关内容。在绘图时有一个最基本操作是旋转与缩放，操作如下：

▶ 旋转：Shift + 鼠标混轮键(按住)。技巧是先选择构件，然后旋转，则以它为圆心开始旋转。

▶ 缩放：放大——向上滚动鼠标滑轮；缩小——向下滚动鼠标滑轮。

▶ 东西南北符号：查看各个立面。点"小房子"还原，见图 11-21 所示。

图 11-21　东西南北符号与小房子

11.3　天正建筑 CAD

天正建筑 CAD 系列软件是天正公司(http://www.tangent.com.cn)出品的建筑工程专业 CAD 软件。天正公司是 1994 年成立的高新技术企业，该公司研发了以天正建筑 TArch 为龙头的包括结构 TAsd、暖通 THvac、给排水 TWT、电气 TElec、日照 TSun、节能 TBEC、市政道路 TDL、市政管线 TGX、规划 TPLS、交通 TJT 等专业的土木建筑领域 CAD 系列软件。下面简要介绍天正建筑 TArch：

11.3.1　功能特点

利用 AutoCAD 图形平台开发的建筑软件 TArch 使用方便，成为建筑 CAD 的首选软件之一，天正建筑创建的建筑模型也已经成为天正电气、给排水、日照、节能等系列软件的数据来源，同时，很多三维渲染图也是基于天正三维模型制作而成的。其主要功能特点如下：

(1) 软件功能设计的目标定位准确。实现高效化、智能化、可视化始终是天正 CAD 软件的开发目标。应用专业对象技术，使三维模型与平面图同步完成，满足了建筑施工图需要反复修改的要求。利用天正专业对象建模的优势，为规划设计提供了日照分析模型和遮挡模型，为强制实施的建筑节能设计提供了节能建筑分析模型。

(2) 自定义对象表示专业构造一件。天正开发了一系列自定义对象来表示建筑专业构件，使用方便、通用性强。例如各种墙体构件具有完整的几何和材质特征，可以像 AutoCAD 的普通图形对象一样操作，显著提高编辑效率。再如，具有旧图转换的文件接口，可将 TArch3 以下版本天正软件绘制的图形文件转换为新的对象格式，方便原有用户的快速升级。同时提供图形导出命令文件接口，可将 TArch8.0 新版本绘制的图形导出，作为下行专业条件图使用。

(3) 方便的智能化菜单系统。采用 256 色图标的新式折叠结构屏幕菜单，图文并茂、层次清晰。推出鼠标滑轮操作，使子菜单之间切换更快捷。屏幕菜单的右键功能丰富，可执行命令帮助、目录跳转、启动命令、自定义等操作。在绘图过程中，右键快捷菜单能感知选择对象类型、弹出相关编辑菜单，也可以随意定制个性化菜单适应用户习惯。同时，汉语拼音快捷命令使绘图更快捷。

(4) 支持多平台的对象动态输入。AutoCAD 从 2006 版本开始引入了对象动态输入编辑的交互方式，天正将其全面应用到天正对象，适用于从 2004 起的多个 AutoCAD 平台，这种在图形上直接输入对象尺寸的编辑方式，有利于提高绘图效率。

(5) 强大的状态栏功能。状态栏的比例控件可设置当前比例和修改对象比例，提供了墙基线显示、加粗、填充和动态标注(对标高和坐标有效)控制、DYN 动态输入控制等。所有状态栏按钮都支持右键菜单进行开关与设置，便于操作。

(6) 先进的专业化标注系统。天正专门对建筑行业图纸的尺寸标注开发了专业化的标注系统。轴号、尺寸标注、符号标注、文字都使用对建筑绘图最方便的自定义对象进行操作，取代了传统的尺寸、文字对象。按照建筑制图规范的标注要求，对自定义尺寸标注对象提供了前所未有的灵活修改手段。由于专门为建筑行业设计，在使用方便的同时简化了标注对象的结构，节省了内存，减少了命令的数目。同时按照规范中制图图例所需要的符号创建了自定义的专业符号标注对象，各自带有符合出图要求的专业夹点与比例信息，编辑时夹点拖动的行为符合设计规范。符号对象的引入妥善地解决了 CAD 符号标注规范化的问题。

(7) 全新文字设计和表格功能。天正的自定义文字对象可方便地书写和修改中西文混排文字，方便地输入和变换文字的上下标、输入特殊字符、书写加圈文字等。文字对象可分别调整中西文字体的宽高比例，修正了 AutoCAD 所使用的两类字体(*.shx 与 *.ttf)中英文实际字体不等的问题，使中西文字混合标注符合国家制图标准的要求。此外，天正文字还可以设定对背景进行屏蔽，获得清晰的图面效果。天正建筑的在位编辑文字功能为整个图形的文字编辑提供服务，如双击文字进入编辑框等，提供了前所未有的方便。

天正表格使用了先进的表格对象，其交互界面类似 Excel 电子表格编辑界面。表格对象具有层次结构，用户可以完整地控制表格的外观，制作出个性化表格。更方便的是，天正表格还实现了与 Excel 的数据双向交换，使工程制表同办公制表一样方便高效。

(8) 强大的图库管理系统和图块功能。天正的图库管理系统采用先进的编程技术，支持贴附材质的多视图图块、支持同时打开多个图库。天正图块提供 5 个夹点，直接拖动夹点即可进行图块的对角放缩、旋转、移动等操作。天正可对图块附加"图块屏蔽"特性，使图块可以遮挡背景对象而无需对背景对象进行裁剪，还可通过对象编辑随时改变图块的精确尺寸与转角。

天正的图库系统采用图库组 TKW 文件格式，可同时管理多个图库，并通过分类明晰的树状目录使整个图库结构一目了然。类别区、名称区和图块预览区之间可以随意调整最佳可视大小及相对位置，图块支持拖曳排序、批量改名、新入库自动以"图库长×图库宽"的格式命名等功能，最大程度地方便用户。图库管理界面采用了平面化图标工具栏，新增了菜单栏，符合流行软件的外观风格与使用习惯。此外，由于各个图库是独立的，因此系统图库和用户图库分别由系统和用户维护，便于版本升级。

(9) 与 CAD 兼容的材质系统。天正建筑软件提供了与 AutoCAD 2006 以下版本渲染器兼容的材质系统，包括全中文标识的大型材质库、具有材质预览功能的材质编辑和管理模块，天正对象模型同时支持 AutoCAD 2007-2009 版本的材质定义与渲染，为选配建筑渲染材质提供了便利。

天正图库支持贴附材质的多视图图块，这种图块在"完全二维"的显示模式下按二维显示，而在着色模式下显示附着的彩色材质，新的图库管理程序能预览多视图图块的真实效果。

(10) 工程管理器兼有图纸集与楼层表功能。天正建筑引入了工程管理概念，工程管理器将图纸集和楼层表合二为一，在工程管理器的图纸集中还是在楼层表双击文件图标都可以直接打开图形文件，将与整个工程相关的建筑立剖面、三维组合、门窗表、图纸目录等功能完全整合在一起，同步进行工程图档的管理。

系统允许用户使用一个 dwg 文件保存多个楼层平面，也可以每个楼层分别保存一个 dwg 文件，甚至可以两者混合使用。

(11) 全面增强的立剖面绘图功能。天正建筑随时可以从各层平面图获得三维信息，按楼层表组合，消隐、生成立面图与剖面图，生成步骤得到简化，成图质量明显提高。

(12) 提供工程数据查询与面积计算。在平面图设计完成后，可以统计门窗数量，自动生成门窗表。并可获得各种构件的体积、重量、墙面面积等数据，作为其他分析的基础数据。同时，天正建筑提供了各种面积计算命令，可计算房间净面积、建筑面积、阳台面积等，可以按《住宅建筑设计规范》以及建设部限制大户型比例的有关文件，统计住宅的各项面积指标，用于房产部门的面积统计和设计审查报批。

(13) 全方位支持 AutoCAD 各种工具。天正对象支持 AutoCAD 特性选项板的浏览和编辑，提供了多个物体同时修改参数的捷径。

11.3.2　绘制过程简介

天正建筑 TArch 常用版本为 8.5，支持 32 位操作系统下的 AutoCAD 2002-2012 版本平台下使用，同时支持 64 位操作系统下的 AutoCAD 2010-2012 版本。由于 AutoCAD 不同版本的更新需要购买版权，因此天正建筑的兼容性考虑了多个平台。图 11-22 为在 AutoCAD 2008 中启动天正建筑 TArch 8.5 后的界面。天正建筑 TArch 的多层次菜单置于屏幕侧面，系统默认新增了一些天正建筑绘图常用命令的快捷工具栏。当然，上述界面的布置完全可以自行设计并在屏幕上显示或隐藏，以获得最大的绘图区域。

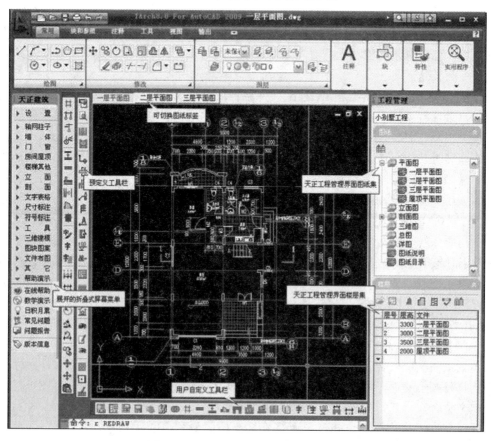

图 11-22　天正建筑 TArch 8.5 绘图界面

天正建筑绘制二维及三维建筑施工图前需要进行一些常规使用参数的设置。设置内容主要包括绘图比例、默认文字样式、默认尺寸标注样式、图层管理等，其中菜单项中【设置】→【天正选项】可设置绘图所需的绝大部分参数(如图 11-23 所示)。一般情况下系统默认的初始绘图设置可满足制图之需，可不用进行专门的修改，除非有特殊的要求。

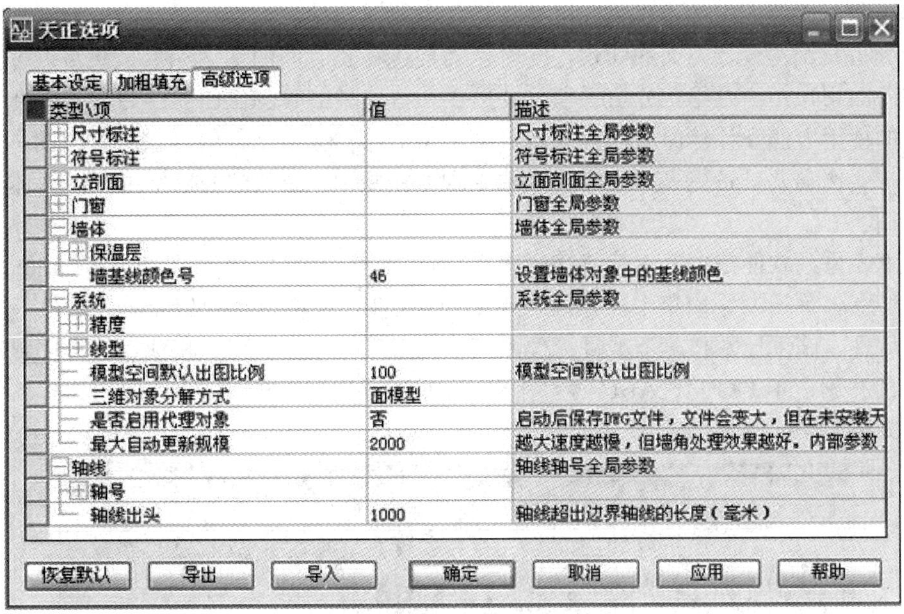

图 11-23　天正选项

用天正建筑软件 TArch 绘制建筑施工图的步骤和 AutoCAD 绘图步骤大体相同，一般是先绘制建筑平面图，其中包括一层平面图、标准层平面图和顶层平面图，然后通过"工程管理"设置层高，系统会自动生成立面图和剖面图。

其中，绘制建筑平面图步骤基本如下(假设基本绘图环境参数已设置)：轴网柱子→墙体→门窗→尺寸标注→文字标注。

事实上，在掌握了 AutoCAD 基本绘图命令和技巧的基础上，很快就能掌握 TArch 的使用技巧。天正建筑软件包功能强大，除可迅速完成建筑平面图的绘制外，还可以便捷地完成建筑立面、剖面及详图等的绘制。需要注意的是，在绘制建筑平面图时，通过有关命令和对话框参数输入可以看到，即使是绘制建筑平面图，建筑构件的竖向尺寸也都需要输入(例如墙高、门窗高度、窗台高度等参数)，这些参数就是自动生成立面及剖面图时所需要的。

11.4　结构分析 PKPM 软件

相对于前面介绍的天正建筑 CAD 系列绘图专业软件，结构分析软件的发展也很快。结构分析软件可帮助结构工程师完成建筑结构的建模、分析及设计验算等工作。目前大多数结构分析软件也提供了施工图绘制或生成功能，但大多数由结构分析软件自动生成的施工图都需要进行人工干预和调整，相对其强大的结构分析功能，其施工图设计方面还需加强。

下面以目前国内常用的结构分析软件 PKPM 为例，简要介绍此类软件的功能特点。因结构分析软件的长处并不在于施工图绘制，且部分结构分析软件并不提供施工图绘制功能，因此本书仅介绍其结构分析的主要功能。需要强调的是，每类结构分析软件均有其不同的建模和分析特征，学习和掌握该类型软件需要扎实的土木工程领域的专业知识，尤其是结构分析及结构设计方面的知识，同时也需要进行长时间的知识积累。通常，每个软件都有完备的用户指南及结构分析手册，会提供一些典型的算例供用户学习，其中会详细介绍软件的使用方法及计算原理，因此本书中不再对结构分析软件的内核进行说明。同时，结构分析实例需要具备更多更全面的土木工程专业知识，因此此处也不再介绍具体的结构分析实例。

PKPM 系列软件是中国建筑科学研究院建筑工程软件研究所(http://www.pkpm.com.cn)开发的产品，其研发领域集中在建筑设计 CAD 软件、绿色建筑和节能设计软件、工程造价分析软件、施工技术和施工项目管理系统、图形支撑平台、企业和项目信息化管理系统等方面，并创造了 PKPM、ABD 等全国知名的软件品牌。PKPM 2005 版一体化软件的启动界面如图 11-24 所示。

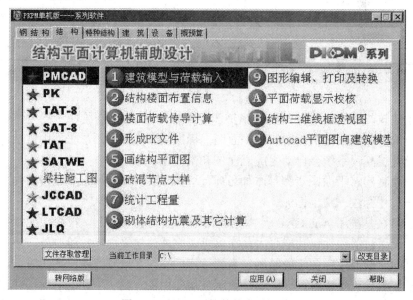

图 11-24　PKPM 软件的启动界面

PKPM 系列软件，除了建筑、结构、设备(给排水、采暖、通风空调、电气)设计于一体的集成化 CAD 系统以外，还有建筑概预算系列(钢筋计算、工程类计算、工程计价)、施工系列软件(投标系列、安全计算系列、施工技术系列)、施工企业信息化等。PKPM 国内设计行业用户众多，市场占有率高，现已成为国内应用最为普遍的 CAD 系统之一。

PKPM 系列软件中的建筑模块由三维建筑设计软件 APM 和 ABD 组成。三维建筑设计软件 APM 是一个建筑方案设计及建筑平面、立面、剖面、透视施工图和总图设计的 CAD 软件，是 PKPM 系列 CAD 系统中的建筑软件。ABD V7.0 基于 AutoCAD 2000 开发，可以运行在 AutoCAD 2000/2002/2004 平台上，其特点主要是：由平面施工图入手，实施平面施工图与三维模型的融合设计；采用面向对象设计技术，构造丰富的自定义建筑专业对象，使对象的编辑功能和自我修复功能更强大；恰当的动态关联机制，使数据与图形的变化达到动态统一。

PKPM 系列软件中的结构软件模块很多，主要包括建模系统 PMCAD 模块和其他的基于不同设计分析功能的模块。其中 PMCAD 是整个结构 CAD 的核心，它建立全楼结构模型是 PMPK 各二维、三维结构计算软件的前处理部分，也是梁、柱、剪力墙、楼板等施工图设计软件和基础 CAD 的必备接口软件。此外，结构模块中有基于不同分析模型的模块，如多高层三维分析系统的 TAT 和 SATWE 模块、用于基础设计的 JCCAD 模块、用于楼梯设计的 LTCAD 模块、剪力墙设计系统 JLQ 模块、用于钢结构设计的 STS 模块等，PMCAD 也是建筑 CAD 与结构的必要接口。随着 PKPM 的发展，进行了每个模块的功能都扩充和完善，如 PKPM 2008 中钢结构模块增加了门式钢架、框架、桁架、支架、框排架、空间结构及钢结构重型工业厂房等钢结构的分析和设计。

PKPM 系统在进行结构分析的同时，还可以完成大部分结构施工图的自动绘制，但后期需要相应的人工调整。PKPM 2008 的结构施工图绘制模块得到了增强，也建立了类似于 AutoCAD 系统的菜单模式，提供了和 AutoCAD 软件的文件接口。PKPM 系统功能强大，包括的内容也较多，更多详细信息可参考该软件的网站。

本 章 小 结

本章对 BIM 概念和几款 AutoCAD 拓展软件进行了介绍，主要包括 Revit 软件、天正建筑 TArch 软件、结构分析 PKPM 软件等。本章的学习重点是：① 建筑信息模型 BIM 的多维、动态建筑数字化模型设计理念；② Revit 的概念设计、建筑建模、材料算量、冲突检测、设计可视化等六大基本功能；③ 天正建筑 TArch 的主要功能特点。本章的学习难点是：① Revit 的操作界面；② PKPM 的结构软件模块。

练 习 题

1. 为什么要对 AutoCAD 进行专业拓展设计？设计的基础是什么？
2. BIM 的优势是什么？Revit 的设计理念和特点是什么？
3. 天正建筑 CAD 软件系列之一 TArch 的主要功能特点和优势是什么？
4. 天正结构 CAD 软件 PKPM 在绘制建筑结构图方面有什么优势？

综合练习题

1. 识图并绘制如图 1 所示的窗图 C1516 和门拉窗图 MLC1921。

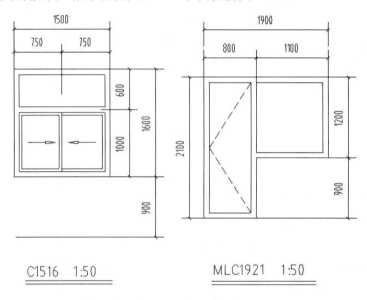

图 1　窗图 C1516 和门拉窗图 MLC1921

2. 识图并绘制如图 2 所示的门拉窗图 MLC7929。

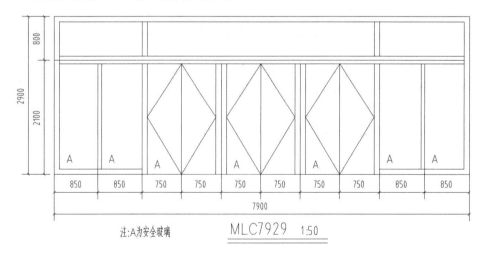

图 2　门拉窗图 MLC7929

3. 识图并绘制如图 3 所示的楼梯顶层平面图。

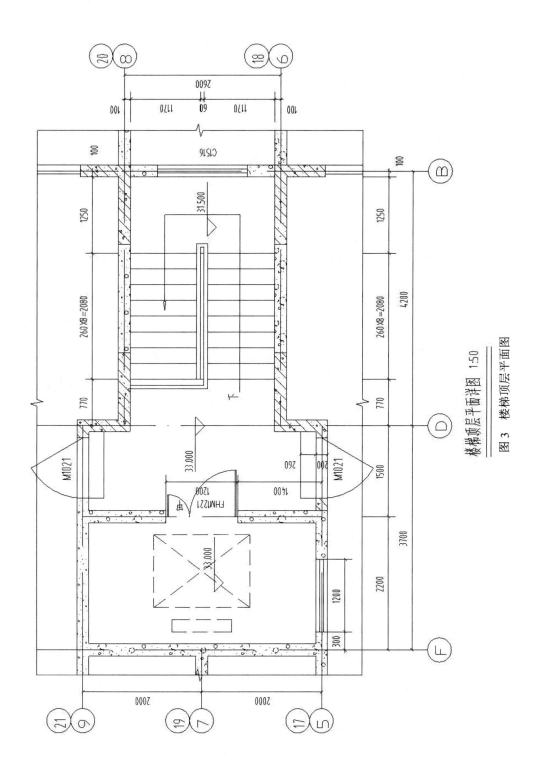

楼梯顶层平面详图 1:50

图 3　楼梯顶层平面图

4. 识图并绘制如图 4 所示的排水明沟详图。

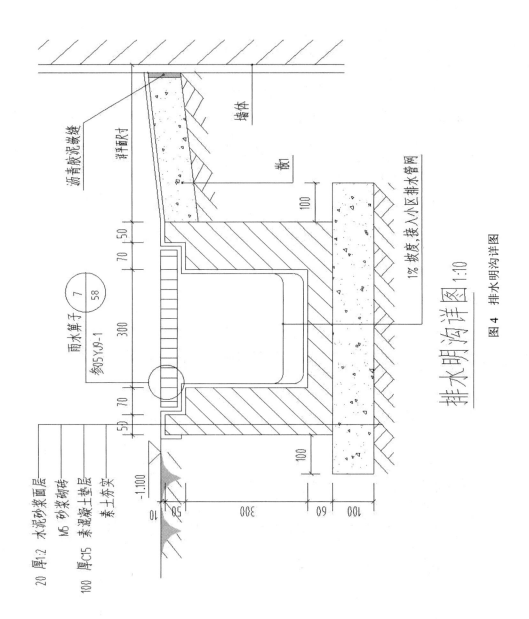

图 4　排水明沟详图

5. 识图并绘制如图5所示的排气道出屋面详图。

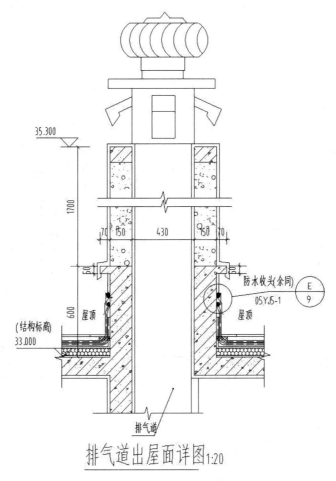

图5　排气道出屋面详图

6. 识图并绘制如图6所示的蹲便隔间。

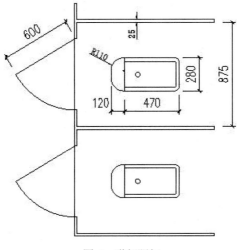

图6　蹲便隔间

7. 识图并绘制如图 7 所示的楼梯地下一层平面图。

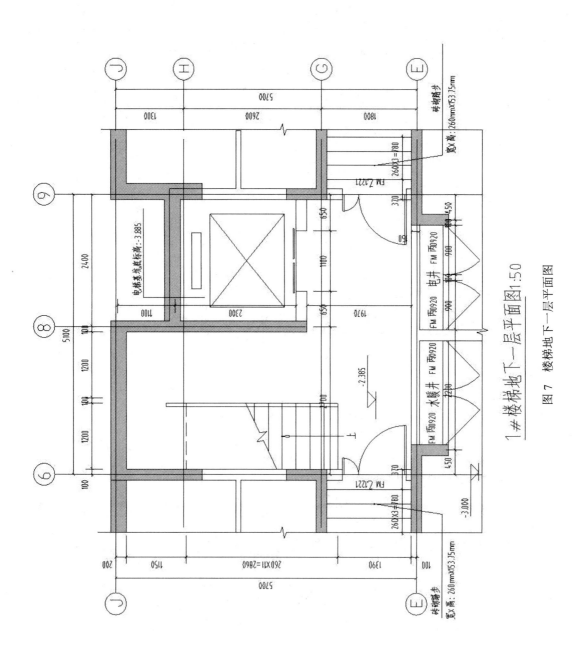

图 7　楼梯地下一层平面图

8. 识图并绘制如图 8 所示的卫生间平面图。

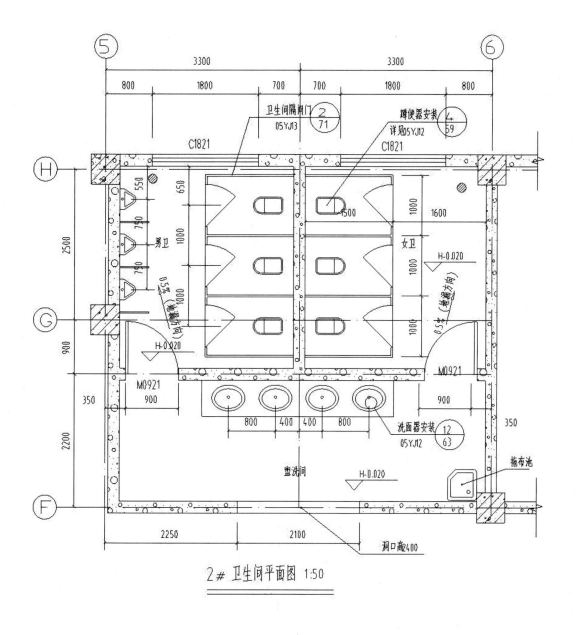

图 8　卫生间平面图

9. 识图并绘制如图 9 所示的 a-a 楼梯剖面图。

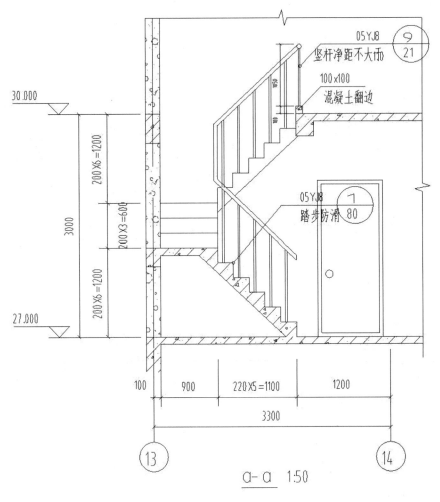

图 9　a-a 楼梯剖面图

10. 识图并绘制如图 10 所示的挂式小便器，并创建为块。

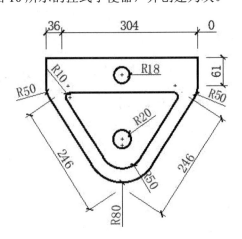

图 10　挂式小便器

11. 识图并绘制如图 11 所示的 16 叶花瓣图。

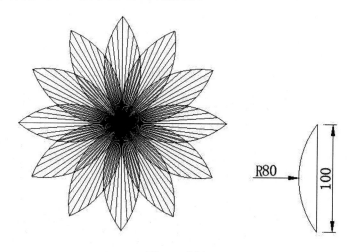

图 11　花瓣

12. 识图并绘制如图 12 所示的楼梯顶层平面图和剖面图。

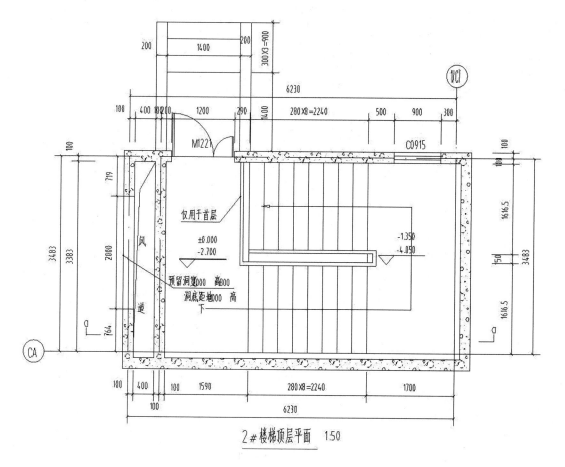

(a) 楼梯顶层平面图

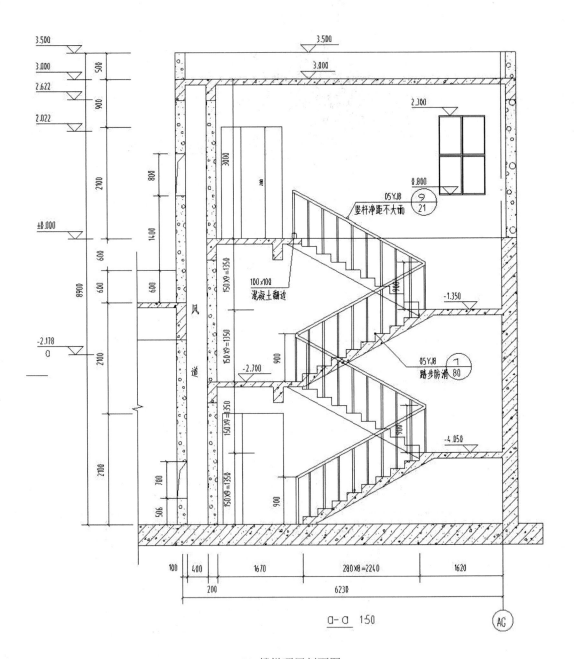

(b) 楼梯顶层剖面图

图 12　题 12 图

13. 识图并绘制如图 13 所示的田径场看台剖面图。

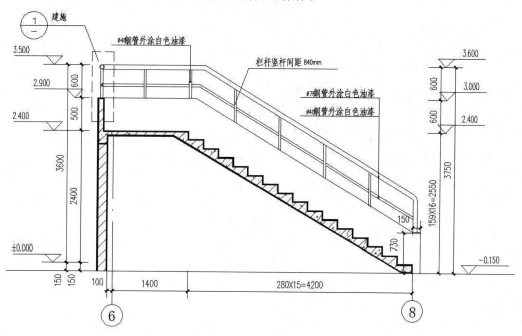

图 13　田径场看台剖面图

14. 识图并绘制如图 14 所示的楼梯平面图和剖面图。

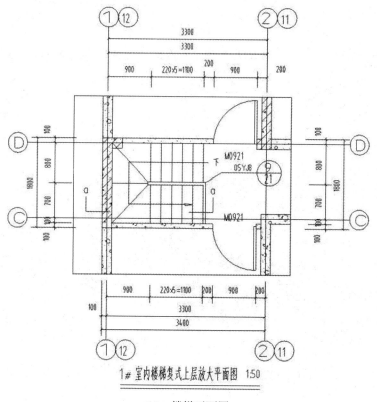

(a)　楼梯平面图

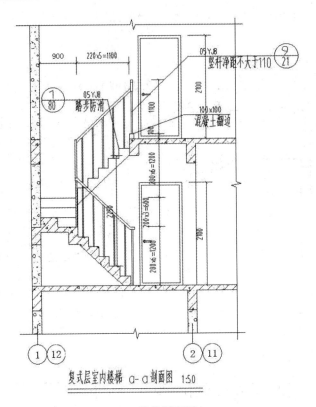

(b) 楼梯剖面图

图14　题14图

15. 识图并绘制如图15所示的儿童房衣柜立面图、平面图、剖面图。

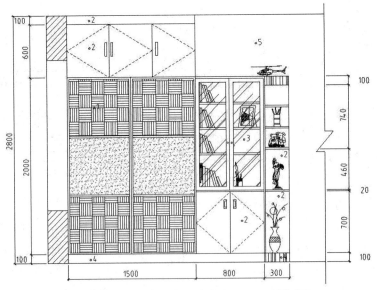

其中：1. 衣柜推拉门；　2. 衣柜门饰面板饰面；　3. 8mm玻璃柜门；
　　　4. 衣柜踢脚线饰面板饰面；　5. 原墙扫白。

(a) 衣柜立面图

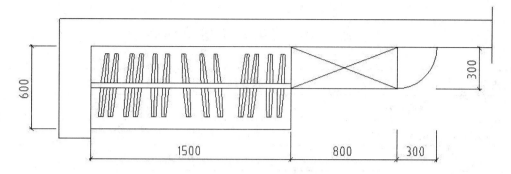

(b) 衣柜平面图

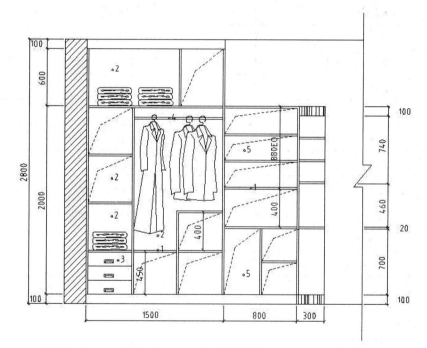

其中：1.实木线收口；   2.柜内贴波音板；
      3.抽屉饰面板饰面；   4.30×15mm铝合金挂衣杆
      5.柜内贴饰面板

(c) 衣柜剖面图

图15 题15图

附录　AutoCAD 常用快捷键

快捷键	命令	快捷键	命令
M	移动对象	F5	等轴测平面切换
MI	镜像	F6	状态栏 DUCS 开关
ML	多线	F7	栅格显示开关
O	偏移	F9	栅格捕捉开关
PL	多段线	F10	极轴模式开关
L	直线	F11	对象追踪开关
DI	测量两点间距离	S	移动或拉伸对象
T	多行文字	A	绘圆弧
AR	阵列	B	定义块
D	标注样式	F	倒圆角
E	删除	I	插入
C	圆	W	定义块并保存到硬盘中
H	填充	U	恢复上一次操作
SC	缩放对象	P	实时平移
Z	视图缩放	X	炸开
OP	选项对话框	Ctrl + M	打开上一个对话框
F2	切换作图窗和文本窗	Ctrl + P	打开打印对话框
F3	自动捕捉开关	Ctrl + S	保存文件
F8	正交开关	Ctrl + X	剪切所选择的内容
Ctrl + 1	打开特性对话框	ST	文字样式对话框
Ctrl + Z	取消前一步的操作	AA	测量区域和周长
Alt + N	标注菜单栏	AL	对齐
DT	单行文字	AV	打开鸟瞰视图对话框(dsviewer)
F1	获取帮助	SE	打开草图设置对话框
F4	数字化仪控制	PO	创建单点对象

参 考 文 献

[1] 中华人民共和国建设部. 房屋建筑制图标准(GB/T 50001-2001). 北京：中国计划出版社，2002.

[2] 中华人民共和国建设部. 建筑制图标准(GB/T 50104-2002). 北京：中国计划出版社，2002.

[3] 杨月英，於辉. 中文版 AutoCAD 2008 建筑绘图[M]. 北京：机械工业出版社，2011.

[4] 王文达. 土木建筑 CAD 实用教程[M]. 北京：北京大学出版社，2012.

[5] 胡建琴，崔岩. 房屋建筑学[M]. 北京：清华大学出版社，2007.

[6] 高志清. AutoCAD 建筑设计上机训练[M]. 北京：人民邮电出版社，2003.

[7] 郭大洲. 建筑 CAD[M]. 北京：中国水利水电出版社，2008.

[8] 刘琼昕，杨铮，刘锡轩. 建筑工程 CAD[M]. 北京：清华大学出版社，2009.

[9] 张小平，张国清. 建筑工程 CAD[M]. 北京：化学工业出版社，2004.

[10] 王以功. 建筑 CAD[M]. 北京：煤炭工业出版社，2004.

[11] 高丽荣，和燕. 建筑制图[M]. 2 版. 北京：北京大学出版社，2013.

[12] 孙海粟. 建筑 CAD[M]. 北京：化学工业出版社，2004.

[13] 宋安平. 建筑制图[M]. 北京：中国建筑工业出版社，2006.

[14] 任爱珠，张建平. 土木工程 CAD 技术[M]. 北京：清华大学出版社，2006.

[15] 李丰，石彬彬. 建筑工程 AutoCAD[M]. 广州：中山大学出版社，2014.

[16] 陈龙发，张琨，李宝昌. 土木工程 CAD[M]. 北京：中国建筑工业出版社，2012.

[17] 管晓琴，管晓涛. 建筑制图[M]. 北京：机械工业出版社，2014.